"十四五"普通高等教育本科部委级规划教材

U0162826

服装CAD制图原理与案例解析

兰天　张恒　著

中国纺织出版社有限公司

内 容 提 要

本书系统介绍了现代服装CAD制板技术的基本概念、技术优势、发展现状与趋势,详细介绍了富怡CAD软件工具的应用及基本操作,并结合典型男装、女装实例,阐述运用富怡CAD软件完成从纸样设计、放码、排料到纸样输出的全流程。本书将服装CAD技术理论与设计实践相结合,重点解决服装CAD制板技术在辅助完成服装产品设计及研发过程中的技术问题。

本书可作为服装院校计算机辅助设计课程的教材,同时为服装企业制板技术人员提供技术指导参考。

图书在版编目(CIP)数据

服装 CAD 制图原理与案例解析 / 兰天,张恒著 . ‑‑
北京:中国纺织出版社有限公司,2023.1(2024.2重印)
"十四五"普通高等教育本科部委级规划教材
ISBN 978‑7‑5180‑9744‑9

Ⅰ. ①服… Ⅱ. ①兰… ②张… Ⅲ. ①服装设计—计算机辅助设计—AutoCAD 软件—高等学校—教材 Ⅳ.
①TS941.26

中国版本图书馆 CIP 数据核字(2022)第 139787 号

责任编辑:孙成成 朱冠霖   责任校对:江思飞
责任印制:王艳丽

中国纺织出版社有限公司出版发行
地址:北京市朝阳区百子湾东里 A407 号楼 邮政编码:100124
销售电话:010 — 67004422 传真:010 — 87155801
http://www.c-textilep.com
中国纺织出版社天猫旗舰店
官方微博 http://weibo.com/2119887771
三河市宏盛印务有限公司印刷 各地新华书店经销
2023 年 1 月第 1 版 2024 年 2 月第 2 次印刷
开本:787×1092 1/16 印张:16.25
字数:300 千字 定价:49.80 元

前　言

　　服装CAD制板技术已广泛应用于服装设计到生产的诸多环节，是服装制板师等工程技术人员必须具备的基本技能。服装CAD制板技术以其高效、高质、准确、便捷、共享、可逆等技术优势为现代化服装设计、生产提供了重要的技术支持，是实现服装制作数字化升级发展的核心技术关键，为服装行业未来虚拟仿真设计、智能制造发展奠定了重要基础。本书以富怡服装CAD为例，对其设计与放码系统、排料系统功能组成及工具使用方法与技巧做了详尽的介绍。基于作者长期从业与教学实践，并结合业界制板师的工作模式，以案例、递进式、系统性、多角度方式，通过由浅入深的典型服装结构设计实例对服装CAD制板方法、步骤及技巧进行系统性阐述。通过服装CAD制板技术实例应用，将服装结构设计的创新方法与服装CAD制板有机融合，在讲解服装CAD技术应用方法的同时，为数字化服装纸样设计提供了一种新的设计思路。本书编写特色是：通过纸样设计实例，从款式分析、号型规格设计、结构制图实例、纸样放码图解示意、排料技术要求等方面以全流程的方式将服装CAD制板技术应用融入其中，为高校服装专业学生或服装CAD制板初学者打通了由浅入深的全方位学习体验。

　　本书共六章，第一章服装CAD制板技术概述、第二章富怡服装CAD系统介绍、第五章富怡服装CAD纸样排料由长春工业大学兰天撰写，第三章富怡服装CAD纸样设计、第四章富怡服装CAD纸样放码、第六章富怡服装CAD实例应用由长春工程学院张恒撰写。

　　由于编写时间仓促，书中错漏之处在所难免，敬请专家、同行和读者批评指正。

笔者

2022年04月07日于长春

目 录

第六章　富怡服装CAD实例应用

第一章 服装 CAD 制板技术概述

第一节 服装 CAD 制板技术

一、服装 CAD 制板技术概念

（一）CAD

计算机辅助设计 CAD（Computer Aided Design）是利用计算机及其图形设备帮助设计人员进行设计工作。在工程和产品设计中，计算机可以帮助设计人员承担计算、信息存储和制图等工作。在设计中通常要用计算机对不同方案进行大量的计算、分析和比较，以决定最优方案；不论是数字的、文字的或图形的各种设计信息，都能存放在计算机的内存或外存里，并能快速地检索；设计人员通常从设计草图开始，将草图变为工作图的繁重工作交给计算机完成；利用计算机可以进行与图形的编辑、放大、缩小、平移和旋转等有关的图形数据加工工作。

CAD 的概念和内涵正在不断发展，1972 年 10 月，国际信息处理联合会（IFIP）在荷兰召开的"关于 CAD 原理的工作会议"上给出如下定义：CAD 是一种技术，其中人与计算机结合为一个问题求解组，紧密配合，发挥各自所长，从而使其工作优于每一方，并为应用多学科方法的综合性协作提供了可能。CAD 是工程技术人员以计算机为工具，对产品和工程进行设计、绘图、造型、分析和编写技术文档等设计活动的总称。

（二）服装 CAD

服装 CAD 是将人和计算机有机地结合起来，最大限度地提高服装企业的"快速反应"能力，在服装工业生产及其现代化进程中起到了不可替代的作用。主要体现在提高工作效率、缩短设计周期、降低技术难度、改善工作环境、减轻劳动强度、提高设计质量、降低生产成本、节省人力和场地、提高企业的现代化管理水平和对市场的快速反应能力等。

服装 CAD 技术是传统服装行业中应用现代化数字信息技术的代表。最初的服装 CAD 技术诞生于 20 世纪 70 年代的美国，主要应用于服装的放码和排料。进入 20 世纪 90 年代后，随着计算机信息技术的发展，服装 CAD 技术也进入了一个全新发展时期，广义上的服装 CAD 是指辅助服装制板的服装 CAD 纸样设计系统、辅助服装款式设计的服装款式设计系统及辅助服装工艺单编写及工艺流程设计的服装工艺设计系统。

（三）服装 CAD 制板

目前，业内所指服装 CAD 即为服装 CAD 制板，是服装 CAD 的狭义概念。服装 CAD 制板主要包括数字化服装纸样设计系统、数字化服装纸样放码系统及数字化服装纸样排料系统，是运用数字化输入设备、计算机、数字化输出设备辅助完成服装纸样设计、服装纸样放码及排料、输出。

二、服装 CAD 制板技术发展历史

服装领域 CAD 技术最早开始应用于 20 世纪 60~70 年代，最早的用途是辅助服装纸样排料，也正是在排料功能投入实际应用之后，相关人员发现这项技术的应用能够有效提升面料利用率，保证服装生产的效率，因此 CAD 技术也开始广泛普及。随着技术的不断发展，放码技术开始融入 CAD 系统，20 世纪 80 年代后期，专门的服装设计系统真正进入了服装市场，其主要的运作原理是对已有的照片、图片及面料等相关信息进行扫描，然后针对图像进行修改，进而形成新的设计方案。而后美国格柏（Gerber）公司基于不断成熟的系统，开发了 CAM 服装自动裁剪系统。许多发达国家也因此受到启发，推出专属的服装 CAD 以及 CAM 系统。

我国是在"六五"计划期间开始研究服装 CAD 应用技术的，进入"七五"计划后，服装 CAD 产品有了一定的雏形，到"八五"计划后期才真正推出我国自己的服装 CAD 产品。截至 2004 年年底行业统计，我国约有 5 万家服装企业，但只有 3000 多家企业使用服装 CAD，即只有 6% 的服装企业在使用 CAD 系统。而根据"九五"计划目标，将服装 CAD 设备作为考核服装行业重点企业的必备条件，到 2005 年我国服装行业 CAD/CAM 的使用普及率达到 30%；到 2015 年，已达到 80%，基本接近发达国家的应用水平。目前国内服装 CAD 的蓬勃发展，不仅提升了我国服装 CAD 技术的自主研发能力，也打破了技术垄断，让服装 CAD 的软、硬件价格更具有优势，让更多的企业能够承担起购买费用，对我国服装 CAD 的普及起到了极大的推动作用。

三、服装 CAD 制板技术优势

（一）提高工作效率、缩短设计和生产周期

服装产品的生产周期主要取决于技术准备工作的周期，对于小批量服装生产更是如此。根据用户报告采用服装 CAD 后，其技术准备工作周期可缩短几倍甚至几十倍，因此产品加工周期便可大大缩短，企业便有余力进行产品的更新换代，从而提高企业自身的活力。

（二）降低技术难度、改善工作环境、减轻劳动强度、提高设计质量

经济的发展促进了人们消费水平的提高，对高档产品的需求也就不断增加，因此提高产品的质量，即提高产品的档次乃是增加企业效益的有效措施。由于在传统手工业生产方式中，人为因素对产品质量影响严重，从设计阶段就存在着精度低等先天不足，产品质量难以提高。近年来，由于采用服装CAD，不仅使产品的设计精度得以提高，而且使后续加工工序采用新技术（如CAM、CAPP、FMS等）得以实现，为产品质量提供了可靠的保障，这就意味着增加企业的产值和效益。

（三）降低生产成本、节省人力和场地

服装业属于加工业，因此产品的生产成本是决定生产效益的重要因素。在生产成本中，原材料的消耗和人工费用占有一定比例，采用服装CAD后，一般可节省2/3人力；面料的利用率可提高2%～3%。这对于服装的批量生产，尤其是高档产品而言，其效益更是相当可观的。

（四）提高企业的现代化管理水平和对市场的快速反应能力

提高企业的现代化管理水平同样是服装企业、特别是中小型服装企业所面临的突出问题之一。企业现代化水平的提高取决于理念、体制、手段的更新。纸样是服装企业重要的技术资源，采用服装计算机辅助设计技术来制作纸样以及随之而来的提高效率、改善质量、降低成本的作用是显而易见的。服装CAD不仅改善了企业的管理手段，而且更新了企业的经营理念。

第二节　服装CAD制板软、硬件

一、服装CAD制板软件

服装CAD的软件从功能上分：一般包括服装款式设计系统、服装纸样设计系统、服装纸样放码系统、服装纸样排料系统。

服装款式设计系统：包括服装面料的设计以及服装款式的设计。

服装纸样设计系统：包括结构图的绘制功能、纸样的生成、缝份的加放、标注标记等功能。

服装纸样放码系统：由单号型纸样生成系统多号型纸样。

服装纸样排料系统：设置门幅、缩水率等面料信息，进行样片的模拟排料，确定排料方案。

国外服装CAD制板软件有：美国格柏（Gerber）、法国力克（Lectra）、西班牙艾维（Investronic）、德国艾斯特（Assyst）、瑞士Alexjs、日本东丽（TORAY）、加拿大派特（Pad）、

日本 YUKA、以色列 Optitex 等。

国内服装 CAD 制板软件有：深圳富怡、深圳 ET、北京日升天辰、上海德卡、浙江爱科、上海 PGM、北京智尊宝纺、北京航天等。

二、服装 CAD 制板硬件

服装 CAD 作为软件需要安装在计算机中才能发挥其功能，因此一套完整的服装 CAD 系统包括软件和硬件两部分，硬件包括输入设备、计算机和输出设备。

（一）输入设备

输入设备的作用是将外部资料（如样片、款式、数据等）输入计算机内进行储存和处理，它主要有数字化仪、扫描仪、摄像机和数码相机等。

数字化仪主要用于服装样板的输入，它也可称为读图板，由图形板、游标或电子笔以及支架组成（图 1-1）。输入时将样板放平紧贴在读图板上，把游标的十字交叉点对准样板上的各个轮廓点，使用事先设定的功能键直接将样板的折点、弧点、放码点、标记点等读入计算机内，并连接成样板图形。数字化仪大多使用于对服装立体裁剪生成的样板，在服装 CAD 系统中被输入后进行放码和排料操作。其工作原理是利用电磁感应把图形中每几百平方微米的小方块对应一个像素，通过游标交流信号产生一个电磁场发送到计算机内。

扫描仪主要用于图像的输入，服装 CAD 系统一般采用平板式彩色扫描仪，它可以将彩色图像如照片或图片逼真地输入计算机内储存，大多应用于服装 CAD 的款式设计系统中，以建立款式图片数据库（图 1-2）。

摄像机是动态图像的输入设备，如人体的输入，主要用于服装 CAD 的试衣系统，以观看各种款式在人体上的穿着效果（图 1-3）。

数码相机主要用于服装样板的输入，是一种快捷服装样板输入方式（图 1-4）。

图 1-1　数字化仪　　　图 1-2　扫描仪　　　图 1-3　摄像机　　　图 1-4　数码相机

（二）计算机

计算机是服装 CAD 硬件系统组成的主要部分，是服装 CAD 系统的核心部分（图 1-5）。其作用是处理系统中的款式、样片和数据，其操作系统要求为 Windows 2000/2003/XP/Me，高分辨率液晶显示器，内存 128M，硬盘 30G 以上。

（三）输出设备

输出设备的作用是将计算机内的图形输出到外部，常用的设备有打印机、绘图仪、切割机和裁床。

打印机是常见的输出设备，可以输出效果图、缩小的排料图、生产工艺单、客户档案及相关管理信息等（图1-6）。

图1-5　计算机　　　　　　　　　　　　图1-6　打印机

绘图仪有平板式和滚动式两种，绘图方式有喷墨和笔式之分。小型的绘图仪一般宽为90cm，大型的绘图仪一般宽为180cm，主要用于绘制1∶1的样板、放码图或排料图（图1-7）。

切割机有大型和小型、平板和滚动、单笔和双笔等不同类型（图1-8）。

图1-7　绘图仪　　　　　　　　　　　　图1-8　切割机

裁床用激光刀直接切割布料，均为平板式，价格非常昂贵（图1-9）。

图1-9　裁床

第三节　服装CAD制板技术发展现状及趋势

一、服装CAD制板技术发展现状

服装CAD制板技术经过不断地优化和完善已经可以和手工制板相媲美了，基本实现了利用科学技术代替手工技术。通过在计算机上输入相关数据形成自动制板，就是通过专业系统和服装CAD系统根据机器符合的规格和型号形成的自动化样板。企业的制版师可结合自身的经验和服装CAD制板系统的操作规律进行样板库的制作，在进行服装制作的时候只要打开样板库就可以找到相同或相似的样板，在使用样板的时候只需要稍作修改就可以得到新的样板，这样就可以在最大限度上减少样板的制作时间。这一技术在服装行业简便的应用之处是，首先，对样板库中的某一图样进行局部修改的时候，与其相关的其他部分就可以根据改动的部分自行改变图样，这样就大大降低人工修改的时间和成本；其次，通过服装CAD自动制板技术，在制作好基础样板之后，就可以大大减少人工推板的工作量，系统可以根据需求做相应的改动，对样板进行调整，在样板库中直接调用满足需求的样板即可；最后，具体工作人员也可以将新制作的服装样板存到样板库中，以便日后需要时不用再重新制作样板。因此，服装CAD制板技术在服装生产上的应用可以在最大程度上降低人工成本和减少生产时间，减轻相关工作人员的工作量。服装CAD制板系统功能中还可以量身制板，高档服装也可以利用这一功能进行定制，计算机可以通过系统设置自行更改板型数据。客户只要将自己需要的尺寸数据提供给制作商，系统就可以根据服装各个部位的数据变化和要求来改变服装的样板，在很大程度上提高了单件服装的生产效率。如果客户在试穿之后发现有哪些部分不合适，也可以在系统中输入修改后的数据，系统就会根据相应的数据对样板进行修改，如此便可以直接对样衣进行修改裁剪。

近年来，服装CAD技术不断创新，为了满足实际设计与生产需求，融入了智能化设计、立体化设计等新技术，形成了三维技术体系，也开发出了专门的制版软件。利用这样的程序，能够对样板制作以及制版的步骤、公式等进行自动记忆，同时对于人体参数、面料性能参数等数据进行分析，让服装CAD系统具备了学习能力。可见当前服装CAD技术的发展已经得到了服装业界的充分重视，并且有着很好的发展趋势。

二、服装CAD制板技术发展趋势

服装数字化技术已经成熟并广泛应用到服装企业从产品设计研发到生产等诸多环节，尤其服装CAD纸样设计系统已经得到相当普遍的应用，成为现代服装样板设计师从事服装纸样设计工作必备的"工具"系统。数字技术以其高效、快捷、准确的特点成为现代服装企业加快产业升级，提高市场反应能力，建立"小批量、多品种、短周期、快投放"生产模式得以实现的必要手段，同时也是服装企业在产品创新设计过程中重要的技术支持。而服装纸样设计作为连接服装款式创新设计与成衣工艺制作的桥梁，以及决定服装产品质量的关键技术因素，一直被服装企业视为产品设计研发的核心技术环节。因此，在服装行业新技术、新手段的研发、推广与应用始终围绕服装纸样设计这一服装核心技术环节进行，数字技术在服装企业也更多地应用在服装纸样设计方面，数字技术在服装纸样设计的应用程度也成为衡量现代服装企业产品创新设计能力和创新设计智能化水平的重要技术标志之一。

在国际制造业领域，产品的创新设计与制造技术已经由传统的劳动力技术向数字化、智能化方向发展，无论是新兴行业还是传统制造行业，在新产品研发、新制造工艺技术等方面已经不满足于二维数字技术为其带来的技术优势，更多的 3D 数字技术已经融入其中，旧有的创造思维模式被打破，传统的技术手段被颠覆，3D 模型构建、3D 数字成像、3D 打印等已经成为推动产品创新力提升和行业可持续发展的新动力。国外统计的材料表明，应用三维 CAD 设计技术可降低工程设计成本 13%~30%；可减少产品设计到投产时间 30%~60%；提高产品质量 5~15 倍；增加分析问题的广度和深度能力 3~35 倍；提高产品作业生产率 40%~70%；提高投入设备的生产率 2~3 倍；减少加工过程 3%~60%；降低人工成本 5%~20%。从以上统计数据可以显见 3D 数字技术为相关行业所带来的价值，但由于其他行业如机械、电子等产品 3D 数字技术应用的设计原理和算法都是针对以刚性材料为描述对象，并不适用服装以柔性织物为材料的描述对象，其建模方法和实现手段均无法直接移植到服装 3D 数字系统的研发中来，因此，3D 数字技术在服装行业的发展与应用要相对滞后。

国内外虽然与服装相关的 3D 数字技术，如三维人体测量、三维人体建模、三维服装虚拟等方面已有相对比较成熟的应用技术，但在国内服装行业的广泛应用还处于刚刚起步阶段，更多国内服装企业依然处于二维数字技术应用阶段。3D 数字技术在服装行业应用方面不及其他行业的原因除成本因素之外，更多的制约因素还有：多数服装企业对 3D 数字技术的应用价值缺少认识，行业从业者对 3D 数字技术认知程度不高；服装 3D 数字技术应用没有形成系统的工作平台；在应用 3D 数字技术方面没有形成完整的应用模式体系。

产品研发设计的数字化是数字技术革命的核心，其重点在于数字技术在产品研发设计中的应用，服装数字技术应用亦如此。针对国内服装企业而言，目前 3D 数字技术的应用仅局限于人体测量和虚拟试衣等方面，在服装纸样设计方面，其作为服装产品设计研发的核心技术环节，目前尚缺乏系统性的应用。如何在服装纸样设计方面发挥 3D 数字技术优势，重点在于将以 3D 数字技术为核心的服装数字技术进行有效、系统地整合，构建以 3D 数字技术为核心的服装纸样数字化设计平台，并以此为基础创新服装纸样设计的工作模式。

服装产品设计具有艺术和技术的双重设计属性，服装的艺术性通过外在的视觉感官形式表现，而技术性设计才是如何实现和支撑服装艺术性表现的核心关键。随着 3D 数字技术的飞速发展，为现代国民经济诸多行业的产品创新设计供了全新的设计思维和工作模式，这是一个变革的时代，3D 数字技术在服装设计中的广泛应用也必将是推动未来服装行业产品设计与研发的核心技术动力。

第二章 富怡服装CAD系统介绍

第一节 富怡服装CAD纸样设计与放码系统

一、富怡服装CAD纸样设计与放码系统功能

富怡服装CAD纸样设计与放码系统包括纸样设计、纸样放码两个工作系统模块。富怡服装CAD纸样设计系统模块是完成服装结构设计，并在此基础上完成服装纸样设计的工作系统模块；富怡服装CAD纸样放码系统模块是在完成CAD纸样设计的基础上，进行系列纸样放码的工作系统模块。

富怡服装CAD纸样设计与放码系统工作界面包括：标题栏、菜单栏、快捷工具栏、设计工具栏、纸样工具栏、放码工具栏、衣板框、工作区、状态栏（图2-1）。

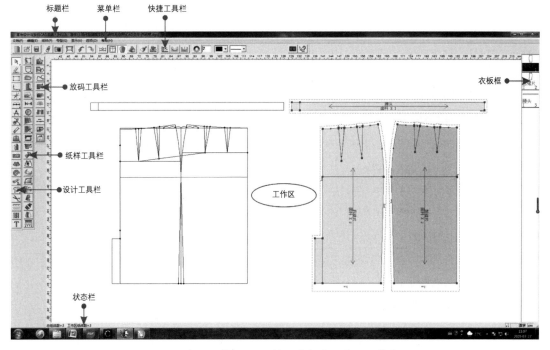

图2-1　富怡服装CAD纸样设计与放码系统工作界面

（一）标题栏

标题栏主要显示软件系统名称、文件存储路径以及软件系统【最小化】、【向下还原】、【关闭】按钮。

（二）菜单栏

菜单栏是应用型软件的常规设置，是放置系统命令的主要区域。富怡服装CAD纸样设计与放码系统菜单包括【文档】、【编辑】、【纸样】、【号型】、【显示】、【选项】、【帮助】7个菜单项，每个菜单项均包含相对应的系统命令（图2-2）。

图2-2　富怡服装CAD纸样设计与放码系统菜单

（三）快捷工具栏

快捷工具栏用于放置富怡服装CAD纸样设计与放码系统【新建】、【打开】、【保存】、【读纸样】、【绘图】、【显示样片】、【点放码表】、【线类型】等常用命令（图2-3）。

图2-3　富怡服装CAD纸样设计与放码系统快捷工具栏

（四）设计工具栏

设计工具栏主要用于放置服装CAD结构性制图工具，包括【调整工具】、【智能笔】、【矩形】、【圆角】、【角度线】、【等分规】、【圆规】、【剪断线】、【橡皮擦】、【收省】、【转省】、【褶展开】、【分割/展开/去除余量】、【荷叶边】、【比较长度】、【旋转】、【剪刀】、【设置线的颜色类型】、【加入/调整工艺图片】、【加文字】等工具（表2-1）。

表2-1　设计工具名称、快捷键及使用功能

设计工具	设计子工具	名称	快捷键	使用功能
	➤	调整工具	A	用于调整曲线的形状，修改曲线上控制点的个数，曲线点与转折点的转换，改变钻孔、扣眼、省、褶的属性
	☝	合并工具	N	将线段移动旋转后调整，常用于调整前后袖窿、下摆、省道、前后领口及肩点拼接处等位置的调整。适用于纸样、结构线
➤	✎	对称调整	M	对纸样或结构线对称后调整，常用于对领的调整
	🗿	省褶合起调整	—	把纸样上的省、褶合并起来调整。只适用于纸样
	L	曲线定长调整	—	在曲线长度保持不变的情况下，调整其形状。对结构线、纸样均可操作
	✿	线调整	—	光标为 ☝ 时可检查或调整两点间曲线的长度、两点间直度，也可以对端点偏移调整。光标为 ☝ 时可自由调整一条线的一端点到目标位置上。适用于纸样、结构线
✏	—	智能笔	F	用来画线、做矩形、调整线的长度、连角、加省山、删除、单向靠边、双向靠边、移动（复制）点线、转省、剪断（连接）线、收省、不相交等距线、相交等距线、圆规、三角板、偏移点（线）、水平垂直线、偏移等，综合多种功能
▱	—	矩形	S	用来做矩形结构线、纸样内的矩形辅助线
	⌐	圆角	—	在不平行的两条线上，做等距或不等距圆角。用于制作西服前幅底摆，圆角口袋。适用于纸样、结构线
	⌒	三点圆弧	—	过三点可画一段圆弧线或画三点圆。适用于画结构线、纸样辅助线
∟	╱	CR圆弧	—	画圆弧、画圆。适用于画结构线、纸样辅助线
	◯	椭圆	—	在草图或纸样上画椭圆形
	⋏	角度线	L	做任意角度线，过线上（线外）一点做垂线、切线（平行线）。结构线、纸样上均可操作
⋏	∞	点到圆或两圆之间的切线	—	做点到圆或两圆之间的切线。可在结构线上操作，也可以在纸样的辅助线上操作

续表

设计工具	设计子工具	名称	快捷键	使用功能
		等分规	D	在线上加等分点、在线上加反向等距点。在结构线上或纸样上均可操作
		点	P	在线上定位加点或空白处加点。适用于纸样、结构线
	—	圆规	C	单圆规：做从关键点到一条线上的定长直线。常用于画肩斜线、夹直、裤子后腰、袖山斜线等
		双圆规	C	通过指定两点，同时做出两条指定长度的线。常用于画袖山斜线、西装驳头等。纸样、结构线上都能操作
		剪断线	Shift+C	用于将一条线从指定位置断开，变成两条线，或把多段线连接成一条线。可以在结构线上操作，也可以在纸样辅助线上操作
		关联/不关联	—	端点相交的线在用调整工具调整时，使用过关联的两端点会一起调整，使用过不关联的两端点不会一起调整。在结构线、纸样辅助线上可操作。端点相交的线默认为关联
	—	橡皮擦	E	用来删除结构图上的点、线，纸样上的辅助线、剪口、钻孔、省褶等
		收省	—	在结构线上插入省道。只适用于结构线上操作
		加省山	—	给省道上加省山。适用在结构线上操作
		插入省褶	—	在选中的线段上插入省褶，纸样、结构线上均可操作。常用于制作泡泡袖，立体口袋等
	—	转省	—	将结构线上的省做转移。可以同心转省，也可以不同心转省；可全部转移也可以部分转移；也可以等分转省；转省后新省尖可在原位置也可以不在原位置。适用于在结构线上的转省
	—	褶展开	—	用褶将结构线展开，同时加入褶的标识及褶底的修正量。只适用于在结构线上操作
	—	分割/展开/去除余量	—	对结构线进行修改，可对一组线展开或去除余量。常用于对领、荷叶边、大摆裙等的处理。在纸样、结构线上均可操作

续表

设计工具	设计子工具	名称	快捷键	使用功能
	—	荷叶边	—	做螺旋荷叶边。只针对结构线操作
		比较长度	R	用于测量一段线的长度，多段线相加所得总长，比较多段线的差值，也可以测量剪口到点的长度。在纸样、结构线上均可操作
		量角器	—	在纸样、结构线上均能操作。测量一条线的水平夹角、垂直夹角；测量两条线的夹角；测量三点形成的角；测量两点形成的水平角、垂直角
		旋转	Ctrl+B	用于旋转复制或旋转一组点或线。适用于结构线与纸样辅助线
		对称	K	根据对称轴对称复制（对称移动）结构线或纸样
		移动	G	用于复制或移动一组点、线、扣眼、扣位等
		对接	J	用于把一组线向另一组线上对接
		剪刀	W	用于从结构线或辅助线上拾取纸样
		拾取内轮廓	—	在纸样内挖空心图。可以在结构线上拾取，也可以将纸样内的辅助线形成的区域挖空
	—	设置线的颜色线型	—	用于修改结构线的颜色、线类型、纸样辅助线的线类型与输出线类型
	—	加入/调整工艺图片	—	与【文档】菜单的【保存到图库】命令配合制作工艺图；调出并调整工艺图；可复制位图应用于办公软件中
	—	加文字	—	用于在结构图上或纸样上加文字、移动文字、修改或删除文字，且各个码上的文字可以不一样

（五）纸样工具栏

纸样工具栏主要用于放置服装 CAD 纸样设计工具，包括【选择纸样控制点】、【缝迹线】、【加缝份】、【做衬】、【剪口】、【眼位】、【钻孔】、【褶】、【V形省】、【比较行走】、【布纹线】、【旋转衣片】、【水平垂直翻转】、【水平/垂直校正】、【重新顺滑曲线】、【纸样变闭合辅助线】、【分割纸样】、【合并纸样】、【纸样对称】、【缩水】等工具（表2-2）。

表2-2 纸样工具名称及使用功能

纸样工具	纸样子工具	名称	使用功能
	—	选择纸样控制点	用来选中纸样、选中纸样上边线点、选中辅助线上的点、修改点的属性
		缝迹线	在纸样边线上加缝迹线、修改缝迹线
		绗缝线	在纸样上添加绗缝线、修改绗缝线
	—	加缝份	用于给纸样加缝份或修改缝份量及切角
	—	做衬	用于在纸样上做衬样、贴衬样
		剪口	在纸样边线上加剪口、拐角处加剪口以及辅助线指向边线的位置加剪口、调整剪口的方向,对剪口放码、修改剪口的定位尺寸及属性
		袖对刀	在袖窿与袖山上同时打剪口,并且前袖窿、前袖山打单剪口,后袖窿、后袖山打双剪口
	—	眼位	在纸样上加眼位、修改眼位。在放码的纸样上,各码眼位的数量可以相等也可以不相等,也可加组扣眼
	—	钻孔	在纸样上加钻孔(扣位),修改钻孔(扣位)的属性及个数。在放码的纸样上,各码钻孔的数量可以相等也可以不相等,也可加钻孔组
	—	褶	在纸样边线上增加或修改刀褶、工字褶。也可以把在结构线上加的褶用该工具变成褶图元。做通褶时在原纸样上会把褶量加进去,纸样大小会发生变化,如果加的是半褶,只是加了褶符号,纸样大小不改变
		V形省	在纸样边线上增加或修改V形省,也可以把在结构线上加的省用该工具变成省图元
		锥形省	在纸样上加锥形省或菱形省
	—	比拼行走	一个纸样的边线在另一个纸样的边线上行走时,可调整内部线对接是否圆顺,也可以加剪口
	—	布纹线	用于调整布纹线的方向、位置、长度以及布纹线上的文字信息
	—	旋转衣片	用于旋转纸样

续表

纸样工具	纸样子工具	名称	使用功能
	—	水平垂直翻转	用于将纸样翻转
	—	水平/垂直校正	将一段线校正成水平或垂直状态。常用于校正读图纸样
	重新顺滑曲线		用于调整曲线并且关键点的位置保留在原位置，常用于处理读图纸样
	曲线替换		结构线上的线与纸样边线间互换；也可以把纸样上的辅助线变成边线（原边线也可转换辅助线）
	—	纸样变闭合辅助线	将一个纸样变为另一个纸样的闭合辅助线
	—	分割纸样	将纸样沿辅助线剪开
	—	合并纸样	将两个纸样合并成一个纸样。有两种合并方式，一种方式是以合并线两端点的连线合并，另一种方式是以曲线合并
	—	纸样对称	有关联对称纸样与不关联对称纸样两种功能。关联对称后的纸样，在其中一半纸样修改时，另一半也联动修改；不关联对称后纸样，在其中一半纸样上改动时，另一半不会跟着改动
	—	缩水	根据面料对纸样进行整体缩水处理，针对选中线可进行局部缩水

（六）放码工具栏

放码工具栏主要用于放置服装CAD纸样放码工具，包括【平行交点】、【辅助线平行放码】、【辅助线放码】、【肩斜线放码】、【各码对齐】、【圆弧放码】、【拷贝点放码量】、【点随线段放码】、【设定/取消辅助线随边线放码】、【平行放码】等工具（表2-3）。

表2-3　放码工具名称及使用功能

放码工具	名称	使用功能
	平行交点	用于纸样边线的放码，用过该工具后与其相交的两边分别平行。常用于西服领口的放码
	辅助线平行放码	针对纸样内部线放码，用该工具后，内部线各码间会平行且与边线相交
	辅助线放码	相交在纸样边线上的辅助线端点按照到边线指定点的长度来放码

放码工具	名称	使用功能
	肩斜线放码	使各码不平行肩斜线平行
	各码对齐	将各码放码量按点或剪口（扣位、眼位）线对齐或恢复原状
	圆弧放码	可对圆弧的角度、半径、弧长来放码
	拷贝点放码量	拷贝放码点、剪口点、交叉点的放码量到其他的放码点上
	点随线段放码	根据两点的放码比例对指定点放码。可以对宠物衣服放码
	设定/取消辅助线随边线放码	辅助线随边线放码；辅助线不随边线放码
	平行放码	对纸样边线、纸样辅助线平行放码。常用于文胸放码

（七）衣板框

衣板框是用于存放服装CAD纸样的区域，在衣板框内可显示衣板缩略图、衣板名称、衣板分数等信息。

（八）工作区

工作区是完成服装CAD结构设计、纸样设计、放码的操作区域。

（九）状态栏

状态栏是显示工具名称及其操作步骤、方法的提示区域。

二、富怡服装CAD纸样设计与放码系统工具

（一）设计工具使用操作方法

1.【调整】工具 🔍

（1）调整单个控制点。

①用该工具在曲线上单击，线被选中，单击线上的控制点，拖动至满意的位置，单击即可。当显示弦高线时，此时按小键盘【数字】键可改变弦的等分数，移动控制点可调整至弦高线上，光标上的数据为曲线长和调整点的弦高（显示/隐藏弦高：【Ctrl+H】）（图2-4）。

图2-4 调整单个控制点

②定量调整控制点：用该工具选中线后，把光标移至控制点上，按【回车】键（图2-5）。

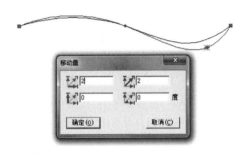

图2-5 定量调整控制点

③在线上增加控制点、删除曲线或折线上的控制点：单击曲线或折线，使其处于选中状态，在没点的位置用左键单击为加点（或按【Insert】键），或把光标移至曲线点上，按【Insert】键可使控制点可见，在有点的位置单击右键为删除（或按【Delete】键）（图2-6）。

图2-6 线上增加控制点

④在选中线的状态下，把光标移至控制点上按【Shift】键可在曲线点与转折点之间切换。在曲线与折线的转折点上，如果把光标移至转折点上单击鼠标右键，曲线与直线的相交处自动顺滑，在此转折点上如果按【Ctrl】键，可拉出一条控制线，可使曲线与直线的相交处顺滑相切（图2-7）。

⑤用该工具在曲线上单击，线被选中，按小键盘的【数字】键，可更改线上的控制点个数（图2-8）。

图2-7 曲线点与转折点切换

图2-8 更改线上的控制点个数

（2）调整多个控制点。

①按比例调整多个控制点。

情况一：如图2-9（1）所示，调整点D时，点A、点B、点C按比例调整。

如果在结构线上调整，先把光标移至线上，拖选点A至点D，光标变为平行拖动"⁺ⱺ"，如图2-9（2）所示。在弹出【移动量】对话框内输入移动量，单击【确定】即可，如图2-9（3）所示。

按【Shift】键切换成按比例调整光标"ⱺ"，单击点D并拖动，弹出【移动量】对话框（如果目标点是关键点，直接把点D拖至关键点即可。如果需在水平或垂直或在45°方向上调整，按住【Shift】键即可）；输入调整量，单击【确定】即可，如图2-9（4）所示。

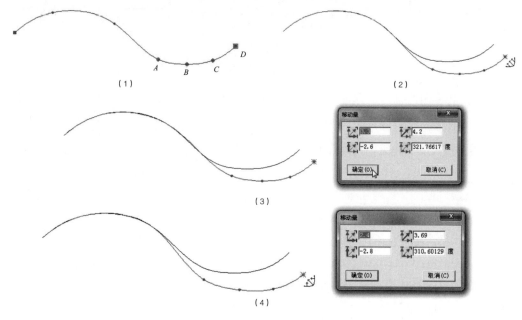

（1）　　　　　　　　　　　　　　　　（2）

（3）

（4）

图2-9　按比例调整多个控制点

情况二：在纸样上按比例调整时，让控制点显示，操作与在结构线上类似（图2-10）。

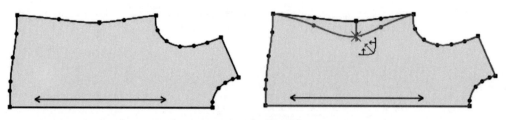

图2-10　纸样按比例调整控制点

②平行调整多个控制点。

拖选需要调整的点，光标变成平行拖动"⁺ⱺ"，单击其中的一点拖动，弹出【移动量】对话框，输入适当的数值，【确定】即可（图2-11）。

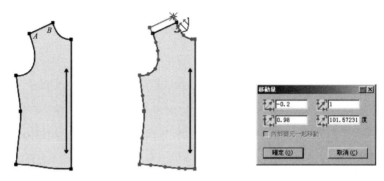

图2-11　平行调整多个控制点

> 注：平行调整、比例调整时，若未勾选【选项】菜单中的【启用点偏移】对话框，那么【移动量】对话框不再弹出。

③移动框内所有控制点。

左键框选按【回车】键会显示控制点，在对话框输入数据，这些控制点全部偏移（图2-12）。

图2-12　移动框内所有控制点

> 注：第一次框选为选中，再次框选为非选中，如果选中的为放码纸样，也可对仅显示的单个码框选调整（基码除外）。

④只移动选中所有线。

右键框选线按【回车】键，输入数据，单击【确定】即可（图2-13）。

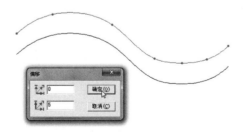

图2-13　只移动选中所有线

> 注：如果选中的为放码纸样，也可对仅显示的单个码框选调整（基码除外）。

（3）修改钻孔（眼位或省褶）的属性及个数。

用该工具在钻孔（眼位或省褶）位单击左键，可调整钻孔（眼位或省褶）的位置。单击右键，会弹出钻孔（眼位或省褶）的属性对话框，修改其中参数。

2.【合并调整】工具 🦌

（1）如图2-14（1）所示，用鼠标左键依次点选或框选要圆顺处理的曲线a、b、c、d，单击右键；再依次点选或框选与曲线连接的线1、线2、线3、线4、线5、线6，单击右键，弹出对话框。

（2）如图2-14（2）所示，袖窿拼在一起，用左键可调整曲线上的控制点。

（3）如果调整公共点按【Shift】键，则该点在水平垂直方向移动，如图2-14（3）所示。调整满意后，单击右键。

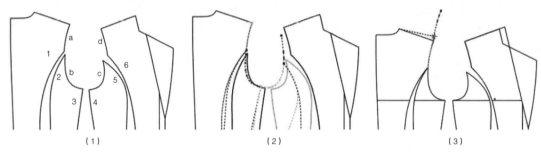

（1）　　　　　　　　　　（2）　　　　　　　　　　（3）

图2-14　曲线合并调整

【合并调整】对话框参数说明（图2-15）。

①【选择翻转组】：前后裆为同边时，则勾选此选项再选线，线会自动翻转。

②【手动保形】：选中该项，可自由调整线条。

③【自动顺滑】：选中该项，软件会自动生成一条顺滑的曲线，无须调整。

图2-15　【合并调整】对话框

3.【对称调整】工具 🖊

（1）单击或框选对称轴（或单击对称轴的起止点）。

（2）再框选或者单击要对称调整的线，单击右键。

（3）用该工具单击要调整的线，再单击线上的点，拖动到适当位置后单击。

操作说明：

调整过程中，在有点的位置拖动鼠标为调整该点（如点B），光标移至点上按【Delete】键为删除该点（纸样上两线相接点不删除），光标移至点上（如点B、点C）按【Shift】键为更改点的类型，在没点的位置单击为增加点；在结构线上调整时，在空白处按下【Shift】键是切换调整与复制。按住【Shift】键不松手，在两线相接点上（如点A）调整会"沿线修改"。

（4）调整完所需线段后，单击右键结束（图2-16）。

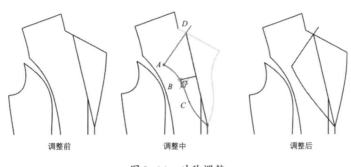

调整前　　　　　　　　调整中　　　　　　　　调整后

图2-16　对称调整

注：进入对称调整之后，使用【Ctrl+H】切换是否显示弦高。

4.【省褶合起调整】工具 ![icon]

（1）如图2-17（1）所示，用该工具依次单击省1、省2后，单击右键变为图2-17（2）。

（2）单击中心线，如图2-17（3）所示，用该工具调整省合并后的腰线，满意后单击右键。

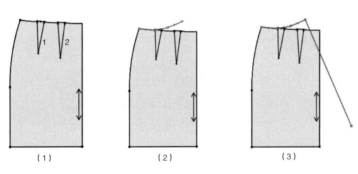

（1）　　　　　　　　（2）　　　　　　　　（3）

图2-17　省褶合起调整

操作说明：

　　如果在结构线上做省褶形成纸样后，用该工具前需要用【纸样工具栏】中相应的省或褶工具做成省元素或褶元素。

　　该工具默认是省褶合起调整" ![icon] "，按【Shift】键可切换成合并省" ![icon] "。如图2-18所示，用该工具先单击臀围点A（固定点），再单击省宽点B。如果要去掉省，再单击另一省宽点C即可；如果只是改变省的大小，移动光标并且在空白位置单击，弹出【合并省】对话框。输入新的省宽，单击【确定】即可。

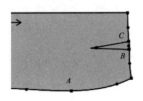 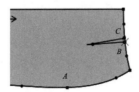 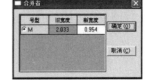

图2-18　合并省调整

5.【曲线定长调整】工具

用该工具单击曲线，曲线被选中，拖动控制点到满意位置单击即可（图2-19）。

L=43.3

图2-19　曲线定长调整

6.【线调整】工具

（1）光标为" "时，用该工具点选或者框选一条线，弹出【线调整】对话框（图2-20）。

（2）选择调整项，输入恰当的数值，【确定】即可调整。

（3）光标为" "时，框选或点选线，线的一端即可自由移动（目标点必须是可见点）（图2-21）。

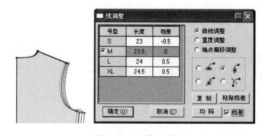

图2-20　线调整

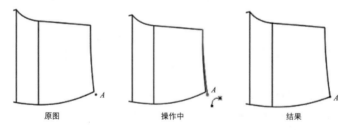

原图　　　　　　　　操作中　　　　　　　　结果

图2-21　线端点自由移动

操作说明：

　　在框选线或点选线的情况下，距离框选或点选较近的一端点为修改点（有亮星显示），如果调整一个纸样上的两段线，拖选两线段的首尾端，第一个选中的点为修改点（有亮星显示）。

　　【线调整】对话框参数说明（图2-22）。

　　①选择"曲线调整"，左表格中显示为长度、增减量，可以在此输入新的长度或增减量。

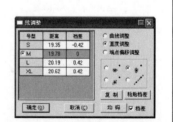

图2-22　【线调整】对话框

当勾选"档差"时,增减量处显示档差,可以档差的方式输入。

选择"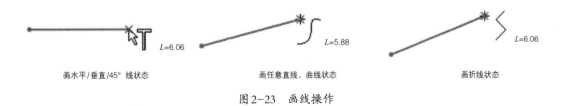"时,点沿水平方向移动;选择"　"时,点沿垂直方向移动;选择"　"时,点沿两点连线的方向移动;选择"　"时,线的两端点不动,曲线长度变化。

②选择"直度调整",左表格中显示为距离、增减量,可以在此输入新的距离或增减量。

当勾选"档差"时,增减量处显示成档差,可以档差的方式输入。

选择"　"时,点沿水平方向移动;选择"　"时,点沿垂直方向移动;选择"　"时,点沿两点连线的方向移动;选择"　"时,两点沿两点连线方向同时移动。

③选择"端点偏移调整"。

【各码相等】:在任意号型的"DX"中输入数据,再单击该按钮,所有号型的"DX"数据相等;在任意号型的"DY"中输入数据,再单击该按钮,所有号型的"DY"数据相等。

【均码】:在相邻的两个号型中输入数据,再单击该按钮,所有号型均等显示数据。

【复制】:单击可复制当前数值。

【粘贴档差】、【粘贴长度】:当复制一段线的各码数值后,可选中另一段线再单击粘贴,即可将上一段的数值(档差或长度或距离)粘贴到这一段线上。

7.【智能笔】工具

(1)单击左键。

①单击左键则进入【画线】工具。在空白处或关键点或交点或线上单击,进入画线操作;光标移至关键点或交点上,按【回车】键以该点作偏移,进入画线类操作;在确定第一个点后,单击右键切换丁字尺(水平 / 垂直 /45° 线)、任意直线,用【Shift】键切换折线与曲线(图2-23)。

$L=6.06$　　　$L=5.88$　　　$L=6.06$

画水平/垂直/45° 线状态　　　　画任意直线、曲线状态　　　　画折线状态

图2-23　画线操作

②按下【Shift】键,单击左键则进入【矩形】工具(常用于从可见点开始画矩形的情况)。

(2)单击右键。

①在线上单击右键则进入【调整】工具。

②按下【Shift】键,在线上单击右键则进入【调整线长度】。在线的中间单击右键为两端不变,调整曲线长度。

③如果在线的一端单击右键,则在这一端调整线的长度(图2-24)。

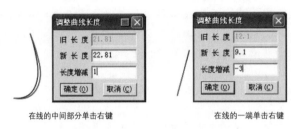

在线的中间部分单击右键　　　　　　　在线的一端单击右键

图 2-24　调整线的长度

（3）左键框选。

①如果左键框住两条线后，单击右键为【角连接】（图 2-25）。

②如果左键框选四条线后，单击右键则为【加省山】，在省的哪一侧单击右键，省底就倒向哪一侧（图 2-26）。

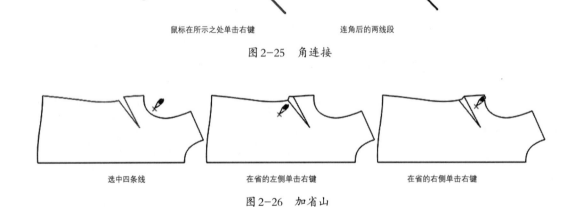

鼠标在所示之处单击右键　　　　　　　　连角后的两线段

图 2-25　角连接

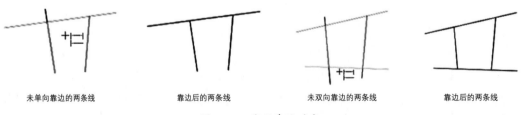

选中四条线　　　　　　在省的左侧单击右键　　　　　　在省的右侧单击右键

图 2-26　加省山

③如果左键框选一条或多条线后，再按【Delete】键则删除所选的线。

④如果左键框选一条或多条线后，再在另外一条线上单击左键，则进入【靠边】功能，在需要线的一边单击右键，为【单向靠边】，如果在另外两条线上单击左键，为【双向靠边】（图 2-27）。

未单向靠边的两条线　　　靠边后的两条线　　　未双向靠边的两条线　　　靠边后的两条线

图 2-27　线段靠边对齐

⑤左键在空白处框选进入【矩形】工具。

⑥按下【Shift】键，如果左键框选一条或多条线后，单击右键为移动（复制）功能，用【Shift】键切换复制或移动，按住【Ctrl】键，为任意方向移动或复制。

⑦按下【Shift】键，如果左键框选一条或多条线后，单击左键选择线则进入【转省】功能。

（4）右键框选。

①右键框选一条线则进入【剪断（连接）线】功能。

②按下【Shift】键，右键框选一条线则进入【收省】功能。

（5）左键拖拉。

①在空白处，用左键拖拉进入【画矩形】功能。

②左键拖拉线进入【不相交等距线】功能（图2-28）。

③在关键点上按下左键拖动到一条线上放开进入【单圆规】。

④在关键点上按下左键拖动到另一个点上放开进入【双圆规】。

⑤按下【Shift】键，左键拖拉线则进入【相交等距线】，再分别单击相交的两边（图2-29）。

图2-28　不相交等距线　　　　　　　　　图2-29　相交等距线

⑥按下【Shift】键，左键拖拉选中两点则进入【三角板】，再单击另外一点，拖动鼠标，做选中线的平行线或垂直线（图2-30）。

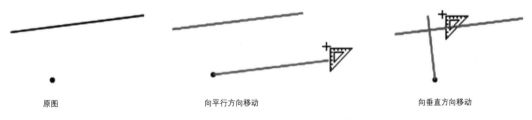

原图　　　　　　　向平行方向移动　　　　　　　向垂直方向移动

图2-30　做选中线的平行线或垂直线

（6）右键拖拉。

①在关键点上，右键拖拉进入【水平垂直线】（右键切换方向）（图2-31）。

②按下【Shift】键，在关键点上，右键拖拉点进入【偏移点/偏移线】（用右键切换保留点/线）（图2-32）。

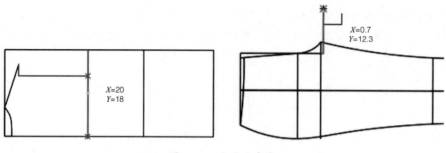

图2-31　水平垂直线

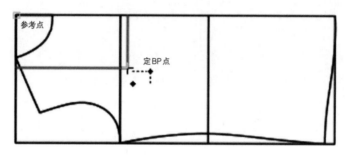

图2-32　偏移点/偏移线

（7）回车键。

取【偏移点】。

8.【矩形】工具 ▱

用该工具在工作区空白处或关键点上单击左键，当光标显示"X""Y"时，输入长与宽的尺寸（用【回车】键输入长与宽，最后【回车】键确定）。或拖动鼠标后，再次单击左键，弹出【矩形】对话框，在对话框中输入适当的数值，单击【确定】即可（图2-33）。

用该工具在纸样上做出的矩形，为纸样的辅助线。

图2-33　【矩形】对话框

注：如果矩形的起点或终点与某线相交，则会有两种不同的情况，其一为落在关键点上，将无对话框弹出；其二为落在线上，将弹出【点的位置】对话框，输入数据，【确定】即可；起点或终点落在关键点上时，可按【Enter】键以该点偏移。

9.【圆角】工具 ⌐

（1）用该工具分别单击或框选要做圆角的两条线。

（2）在线上移动光标，此时按【Shift】键在曲线圆角与圆弧圆角间切换，单击右键光标可在" ⌐ "与" ⌐ "切换（" ⌐ "为切角保留，" ⌐ "为切角删除）。

（3）再单击弹出对话框，输入适合的数据，单击【确定】即可（图2-34）。

图 2-34 做圆角

10.【三点圆弧】工具

（1）按【Shift】键在三点圆"  "与三点圆弧"  "间切换。

（2）切换成"  "光标后，分别单击三个点即可做出一个三点圆。

（3）切换成"  "光标后，分别单击三个点即可做出一段弧线。

11.【CR圆弧】工具

（1）按【Shift】键在 CR 圆"  "与 CR 圆弧"  "间切换。

（2）光标为"  "时，在任意一点单击定圆心，拖动鼠标再单击，弹出【半径】对话框。

（3）输入圆的适当半径，单击【确定】即可。

> 注：CR 圆弧的操作与 CR 圆的操作相同。

12.【椭圆】工具

用该工具在工作区单击拖动再单击，弹出对话框，输入恰当的数值，单击【确定】即可（图 2-35）。

图 2-35 做椭圆 / 正圆

13.【角度线】工具

（1）在已知直线或曲线上做角度线。

①如图 2-36 所示，点 C 是线 AB 上的一点。先单击线 AB，再单击点 C，此时出现两条相互垂直的参考线，按【Shift】键，两条参考线在图 2-36（1）、（2）间切换。

②在图 2-36 所示的任一情况下，单击右键切换角度起始边，如图 2-37 所示。

③在所需的情况下单击左键，弹出对话框（图 2-38）。

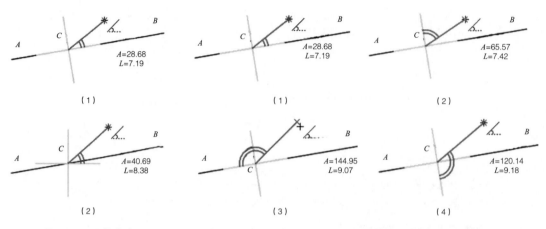

图 2-36　做角度线　　　　　　图 2-37　切换角度起始边

④输入线的长度及角度，单击【确定】即可。

（2）过线上一点或线外一点做垂线。

①如图 2-39 所示，先单击线，再单击点 A，此时出现两条相互垂直的参考线，按【Shift】键，切换参考线与所选线重合。

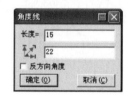

图 2-38　【角度线】对话框

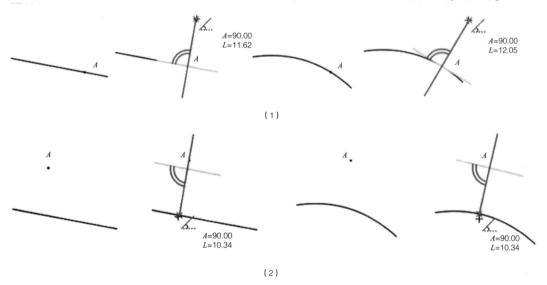

图 2-39　切换参考线与所选线重合

②移动光标使其与所选线垂直的参考线靠近，光标会自动吸附在参考线上，单击弹出对话框。

③输入垂线的长度，单击【确定】即可。

（3）过线上一点做该线的切线或过线外一点做该线的平行线。

①如图 2-40 所示，先单击线，再单击点 A，此时出现两条相互垂直的参考线，按【Shift】键，切换参考线与所选线平行。

图 2-40 切换参考线与所选线平行

②移动光标使其与所选线平行的参考线靠近，光标会自动吸附在参考线上，单击弹出对话框。

③输入平行线或切线的长度，单击【确定】即可。

【角度线】对话框参数说明（图 2-41）。

①【长度】指所做线的长度。

②""指所做的角度。

③【反向角度】勾选后，""里的角度为 360°与原角度的差值。

图 2-41 【角度线】对话框

14.【点到圆或两圆之间的切线】工具

（1）单击点或圆。

（2）单击另一个圆，即可做出点到圆或两个圆之间的切线。

15.【等分规】工具

（1）用【Shift】键切换"+"在线上加两等距光标与"+"等分线段光标（右键来切换"+""+"，实线为拱桥等分）。

（2）在线上加反向等距点：单击线上的关键点，沿线移动鼠标再单击，在弹出的对话框中输入数据，【确定】即可（图 2-42）。

（3）等分线段：在快捷工具栏等分数中输入数据，再用左键在线上单击即可。如果在局部线上加等分点或等分拱桥，单击线的一个端点后，再在线中单击一下，最后单击另外一端即可（图 2-43）。

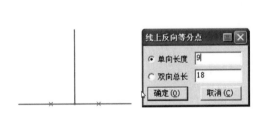

图 2-42 反向等距

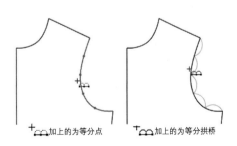

图 2-43 局部线上加等分点和等分拱桥

注：如果等分数小于"10"，直接敲击小键盘【数字】键就是等分数。

16.【点】工具

用该工具在要加点的线上单击，靠近点的一端会出现亮星点，并弹出【点的位置】对话框，输入数据，【确定】即可。

17.【圆规】工具

（1）单圆规。以后片肩斜线为例，用该工具，单击领宽点，释放鼠标，再单击落肩线，弹出【单圆规】对话框，输入小肩的长度，按【确定】即可（图2-44）。

（2）双圆规。（袖肥一定，根据前后袖山弧线定袖山点）分别单击袖肥的两个端点 A 点和 B 点，向线的一边拖动并单击后弹出【双圆规】对话框，输入第1边和第2边的数值，单击【确定】，找到袖山点（图2-45）。

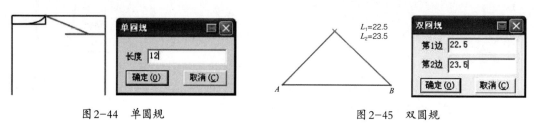

图2-44 单圆规　　　　　　　图2-45 双圆规

> 注：使用双圆规的偏移功能做牛仔裤后袋。如图2-46所示，选中点 A、点 B，把鼠标移至点 C 上单击键盘【Enter】键，在弹出的【偏移量】对话框中输入适当的数值，单击【确定】，做出线 AC' 和 BC'。
>
>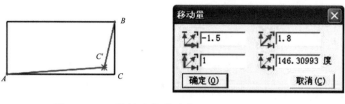
>
> 图2-46 双圆规的偏移功能

18.【剪断线】工具

（1）剪断操作。用该工具在需要剪断的线上单击，线变色，再在非关键点上单击，弹出【点的位置】对话框，输入恰当的数值，单击【确定】即可。

如果选中的点是关键点（如等分点或两线交点或线上已有的点），直接在该位置单击，则不弹出对话框，直接从该点处断开。

（2）连接操作。用该工具框选或分别单击需要连接线，单击右键即可。

19.【关联/不关联】工具

"　"关联光标与"　"不关联光标，两者之间用【Shift】键来切换。

（1）用"　"关联工具框选或单击两线段，即可关联两条线相交的端点（图2-47）。

（2）用"🖑"不关联工具框选或单击两线段，即可不关联两条线相交的端点（图2-48）。

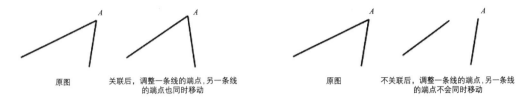

原图　　关联后，调整一条线的端点，另一条线的端点也同时移动　　　　原图　　不关联后，调整一条线的端点，另一条线的端点不会同时移动

图2-47　关联两条线相交的端点　　　　图2-48　不关联两条线相交的端点

20.【橡皮擦】工具 ✏️

（1）用该工具直接在点、线上单击即可。

（2）如果要擦除集中在一起的点、线，左键框选即可。

21.【收省】工具 🧹

（1）用该工具依次单击收省的边线、省线，弹出【省宽】对话框，在对话框中输入省量，如图2-49（1）所示。

（2）单击【确定】后，移动鼠标，在省倒向的一侧单击左键，如图2-49（2）所示。

（3）用左键调整省底线，最后单击右键完成，如图2-49（3）所示。

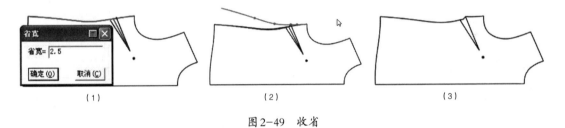

（1）　　　　　　　　（2）　　　　　　　　（3）

图2-49　收省

22.【加省山】工具 📜

如图2-50所示，用该工具依次单击倒向一侧的曲线或直线，省倒向侧缝边，先单击线1，再单击线2；再依次单击另一侧的曲线或直线（先单击线3，再单击线4），省山即可补上。如果两个省都倒向前中线，那么可依次单击线4、线3、线2、线1，线8、线7、线6、线5。

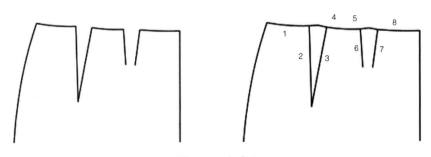

图2-50　加省山

23.【插入省褶】工具

（1）用该工具框选插入省的线，单击右键（如果插入省的线只有一条，也可以单击左键）。

（2）框选或单击省线或褶线，单击右键，弹出【指定线的省展开】对话框。

（3）在对话框中输入省量或褶量，选择需要的处理方式，【确定】即可（图2-51）。

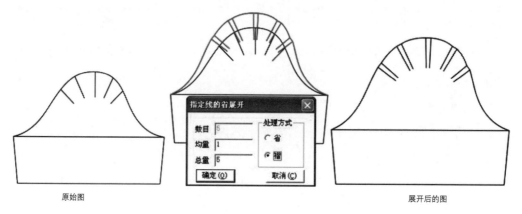

原始图　　　　　　　　　　　　　　　　　展开后的图

图 2-51　插入省褶

无展开线的操作：

（1）用该工具框选插入省的线，双击右键，弹出【指定段的省展开】对话框（如果插入省的线只有一条，也可以单击左键再单击右键，弹出【指定段的省展开】对话框）。

（2）在对话框中输入省量或褶量、省褶长度等，选择需要的处理方式，【确定】即可（图2-52）。

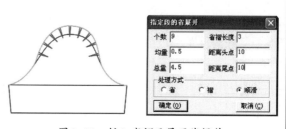

图 2-52　插入省褶无展开线操作

24.【转省】工具

（1）框选所有转移的线。

（2）单击新省线（如果有多条新省线，可框选）。

（3）单击一条线确定合并省的起始边，或单击关键点作为转省的旋转圆心。

（4）省量全部转移：单击合并省的另一边（用左键单击另一边，转省后两省长相等，如果用右键单击另一边，则新省尖位置不会改变）。

（5）省量部分转移：按住【Ctrl】键，单击合并省的另一边（用左键单击另一边，转省后两省长相等，如果用右键单击另一边，则新省尖位置不会改变）。

（6）等分转省：输入数字为等分转省，再单击合并省的另一边（用左键单击另一边，转省后两省长相等，如果用右键单击另一边，则不修改省尖位置）（图2-53）。

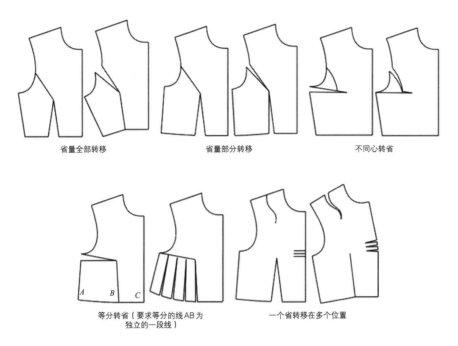

省量全部转移　　　　　　省量部分转移　　　　　　不同心转省

等分转省（要求等分的线 AB 为　　　　　一个省转移在多个位置
独立的一段线）

图 2-53　省转移

（7）省量全部转移的步骤如图 2-54 所示。

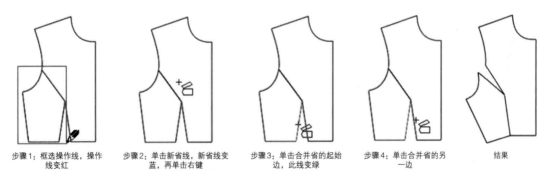

步骤1：框选操作线，操作　步骤2：单击新省线，新省线变　步骤3：单击合并省的起始　步骤4：单击合并省的另　结果
线变红　　　　　　　　蓝，再单击右键　　　　　　边，此线变绿　　　　　一边

图 2-54　省量全部转移

25.【褶展开】工具 █

（1）用该工具单击或框选操作线，按右键结束。

（2）单击上段线，如有多条则框选并按右键结束（操作时要靠近固定的一侧，系统会有提示）。

（3）单击下段线，如有多条则框选并按右键结束（操作时要靠近固定的一侧，系统会有提示）。

（4）单击或框选展开线，单击右键，弹出【刀褶/工字褶展开】对话框（可以不选择展开线，需要在对话框中输入插入褶的数量）。

（5）在弹出的对话框中输入数据，按【确定】键结束（图 2-55）。

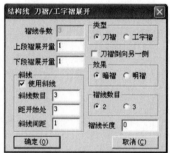

图2-55　褶裥展开

【刀褶/工字褶展开】对话框说明。

①【褶线条数】：如果没有选择展开线，在该项中可输入褶线条数。

②【上段褶展开量】：第一步框选所有操作线后，先选择为上段褶线。

③【下段褶展开量】：第一步框选所有操作线后，后选择为下段褶线。

④【褶线长度】：如果输入"0"，表示按照完整的长度来显示；如果输入不为"0"的长度，则按照给定的长度显示。

26.【分割、展开、去除余量】工具 🛠

（1）用该工具框选（或单击）所有操作线，单击右键。

（2）单击不伸缩线（如果有多条框选后单击右键）。

（3）单击伸缩线（如果有多条框选后单击右键）。

（4）如果有分割线，单击或框选分割线，单击右键确定固定侧，弹出【单向展开或去除余量】对话框（如果没有分割线，单击右键确定固定侧，弹出【单向展开或去除余量】对话框）。

（5）输入恰当数据，选择合适的选项，【确定】即可（图2-56）。

图2-56　分割展开

【单向展开或去余量】对话框说明。

（1）在伸缩量中，输入"正数"为展开，输入"负数"为去除余量。

（2）对话框中处理方式。

①选择【分割】，输入伸缩量，确定后伸缩线分割开但没有连接。

②选择【顺滑连接】，输入伸缩量，确定后伸缩线会顺滑连接起来。

③选择【保形连接】，输入伸缩量，确定后伸缩线从伸缩位置连接起来。

27.【荷叶边】工具 🌀

（1）在工作区的空白处单击左键，弹出【荷叶边】对话框，在对话框中输入新的数据，按

【确定】即可，如图2-57（1）所示。

（2）单击或框选所要操作的线后，单击右键，弹出【荷叶边】对话框，有三种生成荷叶边的方式，选择其中的一种，按【确定】即可（"螺旋3"可更改数据），如图2-57（2）所示。

（1）　　　　　　　　　　　　　　　　（2）

图2-57　做荷叶边

28.【比较长度】工具

选线的方式有点选（在线上用左键单击）、框选（在线上用左键框选）、拖选（单击线段起点按住鼠标不放，拖动至另一个点）三种方式。

（1）测量一段线的长度或多段线之和。

①选择该工具，弹出【长度比较】对话框。

②在"长度""水平X""垂直Y"中选择需要的选项。

③选择需要测量的线，长度即可显示在对话框中。

（2）比较多段线的差值。如图2-58所示，比较袖山弧长与前后袖窿的差值。

①选择该工具，弹出【长度比较】对话框。

②选择"长度"选项。

③单击或框选袖山曲线，单击右键，再单击或框选前后袖窿曲线，表中"L"为容量。

图2-58　比较长度

【长度比较】对话框说明。

①"L"：表示"统计+"与"统计−"的差值。

②"DL"（绝对档差）：表示"L"中各码与基码的差值。

③"DDL"（相对档差）：表示"L"中各码与相邻码的差值。

④"统计+"：单击右键前选择的线长总和。

⑤"统计−"：单击右键后选择的线长总和。

⑥ "长度"：如果选中线为曲线就是曲度长度，如果选中线为直线就是直线长度。

⑦ "水平X"：指选中线两端的水平距离。

⑧ "垂直Y"：指选中线两端的垂直距离。

⑨ 【清除】：单击可删除选中文本框中的数据。

⑩ 【记录】：单击可把"L"中的差值记录在【尺寸变量】中，当记录两段线（包括两段线）以上的数据时，会自动弹出【尺寸变量】对话框。

⑪ 【打印】：单击可打印当前的统计数值与档差。

注：该工具默认是比较长度"✎"，按【Shift】键可切换成测量两点间距离"⊥"。

（3）测量两点间距离。

用于测量两点间（可见点或非可见点）或点到线直线距离或水平距离或垂直距离、两点多组间距离总和或两组间距离的差值。在纸样、结构线上均能操作。在纸样上可以匹配任何号型。

① 如图2-59所示，测量肩点至中心线的垂直距离。切换成该工具后，分别单击肩点与中心线，【测量】对话框即可显示两点间的距离、水平距离、垂直距离。

② 如图2-60所示，测量半胸围。切换成该工具，分别单击点A与中心线c，再单击点B与中心线d，【测量】对话框即可显示两点间的距离、水平距离、垂直距离。

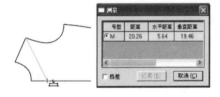

图2-59　两点间距测量　　　　　　图2-60　线、点间距测量

③ 如图2-61所示，测量前腰围与后腰围的差值。用该工具分别单击点A、点B、点C、点D，单击右键；再分别单击点E、点F、点G、前中心线，【测量】对话框即可显示两点间的距离、水平距离、垂直距离。

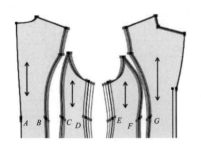
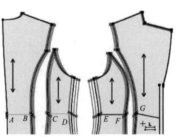

图2-61　比较差值

【测量】对话框说明。

① 【距离】：两组数值的直线距离差值。

②【水平距离】：两组数值的水平距离差值。

③【垂直距离】：两组数值的垂直距离差值。

④【档差】：勾选档差，基码之外的码以档差显示数据。

⑤【记录】：单击可把【距离】下的数据记录在【尺寸变量】中。

29.【量角器】工具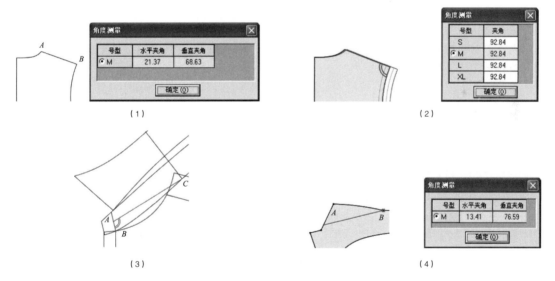

（1）用左键框选或点选需要测量的一条线，单击右键，弹出【角度测量】对话框，测量肩斜线 *AB* 的角度，如图 2-62（1）所示。

（2）框选或点选需要测量的两条线，单击右键，弹出【角度测量】对话框，显示的角度为单击右键位置区域的夹角，测量后幅肩斜线与夹圈的角度，如图 2-62（2）所示。

（3）测量点 *A*、点 *B*、点 *C* 三点形成角度，先单击点 *A*，再分别单击点 *B*、点 *C*，即可弹出【角度测量】对话框，如图 2-62（3）所示。

（4）按下【Shift】键，单击需要测量的两点，即可弹出【角度测量】对话框，测量点 *A*、点 *B* 的角度，如图 2-62（4）所示。

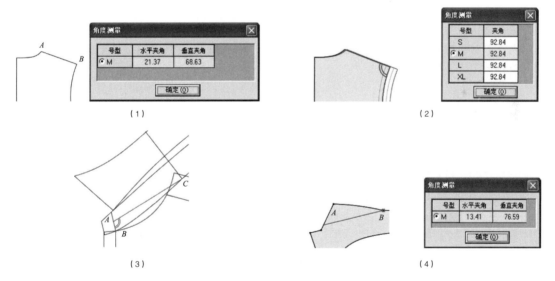

图 2-62　角度测量

30.【旋转】工具

（1）单击或框选旋转的点、线，单击右键。

（2）单击一点，以该点为轴心点，再单击任意点为参考点，拖动鼠标旋转到目标位置。

该工具默认为【旋转复制】，【复制】光标为"⁺⛛"，【旋转复制】与【旋转】用【Shift】键来切换，【旋转】光标为"⁺⛛"。

31.【对称】工具 。

（1）该工具可以在线上单击两点或在空白处单击两点，作为对称轴。

（2）框选或单击所需复制的点线或纸样，单击右键完成。

> 注：该工具默认为【复制】，【复制】光标为"⃟"，【复制】与【移动】用【Shift】键来切换，【移动】光标为"⃟"。对称轴默认画出的是水平线或垂直线45°方向的线，单击右键可以切换成任意方向。

32.【移动】工具 ▦

（1）用该工具框选或点选需要复制或移动的点、线，单击右键。

（2）单击任意一个参考点，拖动到目标位置后单击即可。

（3）单击任意参考点后，单击右键，选中的线在水平方向或垂直方向上镜像（图2-63）。

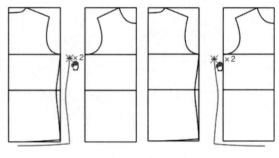

图2-63 移动操作

> 注：该工具默认为【复制】，【复制】光标为"⃟×2"，【复制】与【移动】用【Shift】键来切换，【移动】光标为"⃟"；按下【Ctrl】键，在水平或垂直方向上移动；【复制】或【移动】时按【Enter】键，弹出【位置偏移】对话框；对纸样边线只能复制不能移动，即使在移动功能下移动边线，原来纸样的边线不会被删除。

33.【对接】工具 ▱

（1）操作方法一。

①用该工具让光标靠近后领颈肩点单击后幅肩斜线。

②再单击前幅肩斜线，光标靠近前领颈肩点，单击右键。

③框选或单击后幅需要对接的点、线，最后单击右键完成，如图2-64（1）所示。

（2）操作方法二。

①用该工具依次单击点1、点2、点3、点4。

②再框选或单击后幅需要对接的点、线，单击右键完成，如图2-64（2）所示。

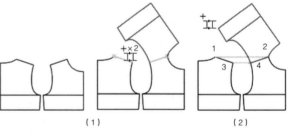

（1）　　　　　　　（2）

图2-64 对接操作

> 注：该工具默认为【对接复制】，光标为"⃟"，【对接复制】与【对接】用【Shift】键来切换，【对接】光标为"⃟"。

34.【剪刀】工具 ✂

（1）操作方法一：用该工具单击或框选围成纸样的线，最后单击右键，系统按最大区域形成纸样，如图2-65（1）所示。

（2）操作方法二：按住【Shift】键，用该工具单击形成纸样的区域，则有颜色填充，可连续单击多个区域，最后单击右键完成，如图2-65（2）所示。

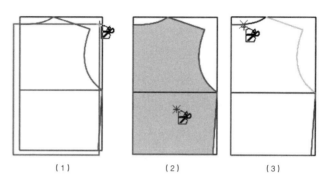

图2-65　纸样提取

（3）操作方法三：用该工具单击线的某端点，按一个方向单击轮廓线，直至形成闭合的图形。拾取时如果后面的线变成绿色，单击右键则可将后面的线一起选中，完成拾样，如图2-65（3）所示。

单击线、框选线、按住【Shift】键单击区域填色，第一次操作为选中，再次操作为取消选中。三种操作方法都是在最后单击右键形成纸样，工具即可变成衣片辅助线工具。

选中剪刀，单击右键可切换成片衣拾取辅助线工具。

衣片辅助线操作方法：

①选择剪刀工具，单击右键光标变成"⁺☒"。

②单击纸样，相对应的结构线变成蓝色。

③用该工具单击或框选所需线段，单击右键即可。

④如果希望将边界外的线拾取为辅助线，那么直线点选两个点、曲线点选三个点来确定。

注：在该工具状态下，按住【Shift】键，单击右键可弹出【纸样资料】对话框。

35.【拾取内轮廓】工具 🖼

（1）在结构线上拾取内轮廓操作。

①用该工具在工作区纸样上双击右键选中纸样，纸样的原结构线变色，如图2-66（1）所示。

②单击或框选要生成内轮廓的线。

③最后单击右键，如图2-66（2）所示。

（2）辅助线形成的区域挖空纸样操作，如图2-67所示。

①用该工具单击或框选纸样内的辅助线。

②最后单击右键完成。

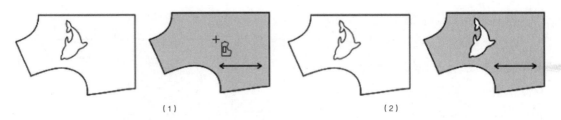

（1） （2）

图2-66　提取纸样内部轮廓

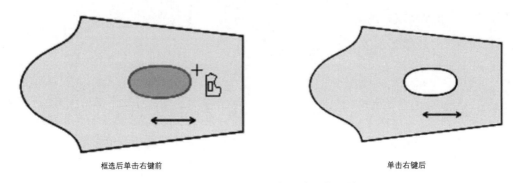

框选后单击右键前　　　　　　　　　　　　　单击右键后

图2-67　辅助线形成区域挖空纸样

36.【设置线的颜色类型】工具 ▨

"┌─▪"：用来设置粗细实线及各种虚线；"▨▨▪"：用来设置各种线类型；"┌─▪▪"：用来设置纸样内部线是绘制、切割、半刀切割。

（1）选中线型设置工具，快捷工具栏右侧会弹出颜色、线类型及切割画的选择框。

（2）选择合适的颜色、线型等。

（3）设置线型及切割状态，用左键单击线或框选线。

（4）设置线的颜色，用右键单击线或框选线。

如果把原来的"细实线"改成"虚线长城线"，选中该工具，在"┌─▪"选择适合的虚线，在"▨▨▪"选择长城线，用左键单击或框选需要修改的线即可。如果要把原来的"细实线"改为"虚线"，在"┌─▪▪"选择适合的虚线，用左键单击或框选需要修改的线即可。

> **线型尺寸的设置操作：**
> ①只对特殊的线型如波浪线、折折线、长城线有效。
> ②选中这些线型中的其中一种，光标上显示线型的回位长和线宽，可用键盘输入数据更改回位长和线宽，第一次输入的数值为回位长，按【回车】键再输入的数值为线宽，再击【回车】键确定。
> ③在需要修改的线上用左键单击线或框选线即可。

> 　　注：选中纸样，按住【Shift】键，再用该工具在纸样的辅助线上单击，辅助线就变成临时辅助线，临时辅助可以不参与绘图。

37.【加入或调整工艺图片】工具 ▦

（1）加入（保存）工艺图片。

①用该工具分别单击或框选需要制作的工艺图的线条，单击右键即可看见图形被一个虚线框框住（图2-68）。

②单击【文档】→【保存到图库】命令。

③弹出【保存工艺图库】对话框，选好路径，在文件栏内输入图片的名称，单击【保存】即可增加一个工艺图。

用该工具第一次单击或框选点、线或字符串时为选中，再次单击或框选为取消选中。

（2）调出并调整工艺图片，有以下两种情况。

①在空白处调出：用该工具在空白处单击，弹出工艺图库对话框。在所需的图上双击，即可调出该图。在空白处单击左键为确定，单击右键弹出【比例】对话框（图2-69）。

图2-68　加入工艺图片

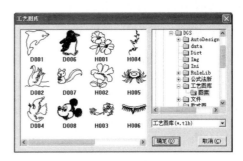

图2-69　工艺图库

在打开工艺图库时，选中图片再单单击右键即可修改文件名。工艺图片的调整方法见表2-4。

表2-4　工艺图片的调整

调整内容	操作方法
移动	当鼠标指针放在矩形框内，指针变为图中形状，单击拖动鼠标到适当位置后再单击左键
水平拉伸	当鼠标指针放在矩形框左右边框线上，指针变为图中形状，单击拖动鼠标到适当位置后再单击左键
垂直拉伸	方法同上
旋转	当鼠标指针放在矩形框的四个边角上时，指针变为图中形状，单击拖动鼠标到适当位置后再单击左键
按比例拉伸	当鼠标指针放在矩形框的四个边角上时，按住【Ctrl】键，指针变为图中形状，单击拖动鼠标到适当位置后再单击左键

工艺图片的比例调整方法：用该工具框住整个结构线，双击右键，弹出【比例】对话框（图2-70）。在对话框内，输入想要改变的比例，单击【确定】即可。

图2-70 【比例】对话框

②在纸样上调出：用该工具在纸样上单击，弹出【工艺图库】对话框。在所需的图上双击，即可调出该图。在确认前，按【Shift】键在组件与辅助线间切换。

组件是一个整体，调整、移动或旋转时用" ![调整工具] "调整工具，操作方法与上述【工艺图片的调整】相同。

（3）复制位图。

用该工具框选结构线，单击右键，编辑菜单下的复制位图命令激活，单击之后可粘贴在 WORD、EXCEL 等文件中。

38.【加文字】工具 T

（1）加文字。

①操作方法一：用该工具在结构图上或纸样上单击，弹出【文字】对话框。输入文字，单击【确定】即可。

②操作方法二：按住鼠标左键拖动，根据所画线的方向确定文字的角度。

（2）移动文字。

用该工具在文字上单击，文字被选中，拖动鼠标移至恰当的位置再次单击即可。

（3）修改或删除文字。

①操作方法一：把该工具光标移至需修改的文字，当文字变亮后单击右键，弹出【文字】对话框，修改或删除后，单击【确定】即可。

②操作方法二：把该工具移至文字上，字发亮后，按【Enter】键，弹出【文字】对话框，选中需修改的文字输入正确的信息即可被修改，按【Delete】键即可删除文字，按方向键可移动文字位置。

（4）不同号型上加不一样的文字。如在某纸样上S码、M码加"抽橡筋6cm"，L码、XL码加"抽橡筋8cm"。

①用该工具在纸样上单击，在弹出的【文字】对话框输入"抽橡筋6cm"。

②单击【各码不同】按钮，在弹出的【各码不同】对话框中，把L码、XL码中的文字串改成"抽橡筋8cm"。

③单击【确定】，返回【文字】对话框，再次【确定】即可（图2-71）。

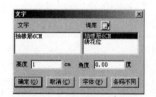
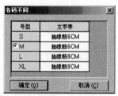

图2-71 【文字】对话框

【文字】对话框说明（图2-72）。

①【文字】：用于输入需要的文字。

②【角度】：用于设置文字排列的角度。

③【高度】：用于设置文字的大小。

④【字体】：单击弹出【字体】对话框，其中可以设置文字字体、字形、颜色（只针对结构线）以及统一修改款式中的所有文字字体、高度。

⑤【各码不同】：只有在不同号型上加的文字不一样时应用。

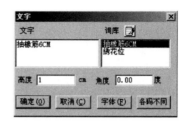

图2-72 【文字】对话框参数说明

注：文字位置放码操作，用选择纸样控制点选中文字，用点放码表来设置。

（二）纸样工具使用操作方法

1.【选择纸样控制点】工具

（1）选中纸样。

用该工具在纸样上单击即可，如果要同时选中多个纸样，只要框选各纸样的一个放码点即可。

（2）选中纸样边上的点。

①选单个放码点：用该工具在放码点上用左键单击或框选。

②选多个放码点：用该工具在放码点上框选或按住【Ctrl】键在放码点上一个一个单击。

③选单个非放码点：用该工具在点上用左键单击。

④选多个非放码点：按住【Ctrl】键在非放码点上一个一个单击。

⑤按住【Ctrl】键时第一次在点上单击为选中，再次单击为取消选中。

⑥同时取消选中点：按【Esc】键或用该工具在空白处单击。

⑦选中一个纸样上的相邻点：如图2-73（1）所示，用该工具在点A上按下鼠标左键拖至点B再松手，图2-73（2）为选中状态。

（3）辅助线上的放码点与边线上的放码点重合。

用该工具在重合点上单击，选中的为边线点；在重合点上框选，边线放码点与辅助线放码点全部选中；按住【Shift】键，在重合位置单击或框选，选中的是辅助线放码点。

（4）修改点的属性。

在需要修改的点上双击，会弹出【点属性】对话框（图2-74），修改之后单击【采用】即可。如果选中的是多个点，按【回车】键即可弹出对话框。

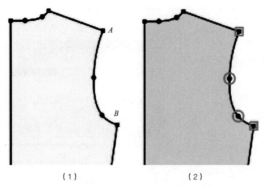

(1)　　　　　　　　(2)

图2-73　选中纸样边上的点　　　　　图2-74　修改点属性

> 注：用该工具在点上单击右键，则该点在放码点与非放码点间切换。如果只在转折点与曲线点之间切换，可用【Shift+右键】。

2.【缝迹线】工具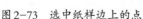

（1）加定长缝迹线。

用该工具在纸样某边线点上单击，弹出【缝迹线】对话框，选择所需缝迹线，输入缝迹线长度及间距，【确定】即可。如果该点已经有缝迹线，那么会在对话框中显示当前的缝迹线数据，修改即可。

（2）在一段线或多段线上加缝迹线。

用该工具框选或单击一段或多段边线后单击右键，在弹出的对话框中选择所需缝迹线，输入线间距，【确定】即可。

（3）在整个纸样上加相同的缝迹线。

用该工具单击纸样的一个边线点，在对话框中选择所需缝迹线，缝迹线长度输入"0"即可。或用（2）的操作方法，框选所有的线后单击右键。

（4）在两点间加不等宽的缝迹线。

用该工具顺时针选择一段线，即在第一控制点按下鼠标左键，拖动到第二个控制点上松开，弹出【缝迹线】对话框，选择所需缝迹线，输入线间距，【确定】即可。如果这两个点中已经有缝迹线，那么会在对话框中显示当前的缝迹线数据，修改即可。

（5）删除缝迹线。

用橡皮擦单击即可。也可以在直线类型与曲线类型中选第一种无线型。

> 【定长缝迹线】参数说明（图2-75）。
> ①"A"：表示第1条线距边线的距离，大于"0"表示缝迹线在纸样内部，小于"0"表示缝迹线在纸样外部。
> ②"B"：表示第2条线与第1条线的距离，计算时取其绝对值。

③ "C"：表示第 3 条线与第 2 条线的距离，计算时取其绝对值。

【两点间缝迹线】参数说明（图 2-76）。

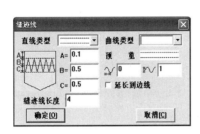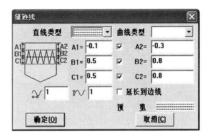

图 2-75　【定长缝迹线】参数说明　　图 2-76　【两点间缝迹线】参数说明

① "A1" "A2"：表示第 1 条线距边线的距离，大于 "0" 表示缝迹线在纸样内部，小于 "0" 表示缝迹线在纸样外部。

② "B1" "B2"：表示第 2 条线与第 1 条线的距离，计算时取其绝对值。

③ "C1" "C2"：表示第 3 条线与第 2 条线的距离，计算时取其绝对值。

这三条线要么在边界内部，要么在边界外部。在两点之间添加缝迹线时，可做出起点、终点距边线不相等的缝迹线，并且缝迹线中的曲线高度都是统一的，不会进行拉伸。

3. 【绗缝线】工具

（1）添加绗缝线操作方法一。

①用该工具单击纸样，纸样边线变色（图 2-77）。

②单击参考线的起点、终点（既可以是边线上的点，也可以是辅助线上的点），弹出【绗缝线】对话框（图 2-78）。

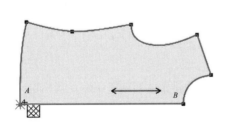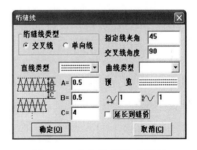

图 2-77　单击纸样　　　　　　　　图 2-78　【绗缝线】对话框

③选择合适的线类型，输入恰当的数值，【确定】即可（图 2-79）。

（2）添加绗缝线操作方法二。

①用绗缝线工具按顺时针方向选中点 A、点 B、点 C、点 D，这部分纸样的边线变色，选择参考线后，弹出【绗缝线】对话框。

②选择合适的线类型，输入恰当的数值后确定。

③用同样的方法选中点 D、点 C、点 E、点 F、点 G，选择合适的线类型，输入恰当的数

值后确定，即可做出绗缝线（图2-80）。

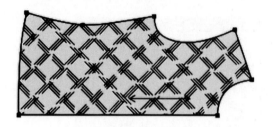
图2-79　完成绗缝线

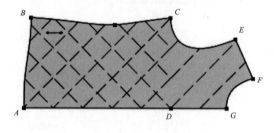
图2-80　完成绗缝线

（3）修改绗缝线操作。

用该工具在有绗缝线的纸样上单击右键，会弹出相应参数的【绗缝线】对话框，修改确定即可。

（4）删除绗缝线操作。

可以用橡皮擦，也可以用该工具在有绗缝线的纸样上单击右键，在直线类型与曲线类型中选第一种无线型。

【绗缝线】参数说明。

①【绗缝线类型】：选择"交叉线"时，角度在【交叉线角度】中输入；选择"单向线"时，做出的绗缝线都是平行的。

②【直线类型】：选三线时，"A"表示第2条线与第1条线间的距离，"B"表示第3条线与第2条线间的距离；选两线时，"B"中的数值无效；单线时，"A"与"B"中的数值都无效，"C"表示两组绗缝线间的距离。

③【曲线类型】："⌄□"表示曲线的宽度，"∿□"表示曲线的高度。

④"延长到缝份"：勾选绗缝线会延长到缝份上，不勾选则不会延长到缝份上。

4.【加缝份】工具

（1）纸样所有边加（修改）相同缝份量。

用该工具在任一纸样的边线点单击，在弹出【衣片缝份】的对话框中输入缝份量，选择适当的选项，【确定】即可（图2-81）。

（2）多段边线上加（修改）相同缝份量。

用该工具同时框选或单独框选加相同缝份的线段，单击右键弹出【加缝份】对话框，输入缝份量，选择适当的切角，【确定】即可（图2-82）。

（3）先定缝份量，再单击纸样边线修改（加）缝份量。

选中加缝份工具后，单击【数字】键后按【回车】键，再用鼠标在纸样边线上单击，缝份量即被更改（图2-83）。

图2-81　纸样所有边加（修改）相同缝份量

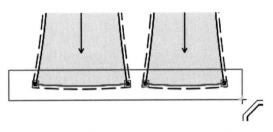

图2-82　多段边线上加（修改）相同缝份量

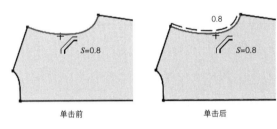

单击前　　　　　　　　　单击后

图2-83　先定缝份量单击纸样边线修改（加）缝份量

（4）单击边线。

用加缝份工具在纸样边线上单击，在弹出的【加缝份】对话框中输入缝份量，【确定】即可。

（5）拖选边线点加（修改）缝份量。

用加缝份工具在点1上按住鼠标左键拖至点2上松手，在弹出的【加缝份】对话框中输入缝份量，【确定】即可（图2-84）。

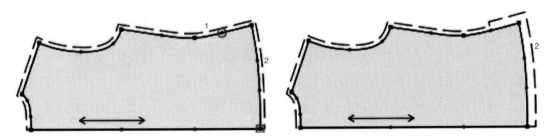

图2-84　拖选边线点加（修改）缝份量

（6）修改单个角的缝份切角。

用该工具在需要修改的点上单击右键，会弹出【拐角缝份类型】对话框，选择恰当的切角，【确定】即可（图2-85）。

（7）修改两边线等长的切角。

选中该工具的状态下按【Shift】键，光标变为"❀"后，分别在靠近切角的两边上单击即可（图2-86）。

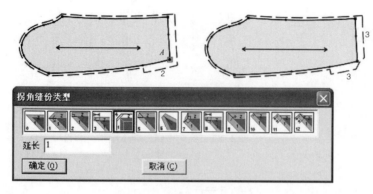

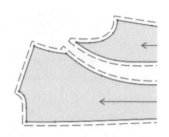

图 2-85　修改单个角的缝份切角　　　　　　图 2-86　修改两边线等长的切角

【加缝边】参数说明。

【加缝份】对话框中，涉及的缝边都以斜角处为分界，按照顺时针方向区分，图 "▼" 或 "▲" 指没有加缝份的净纸样上的一个拐角，1 边、2 边是指净样边。

① "▼"：1 边、2 边相交，缝边自然延伸并相交，不做任何处理，为最常用的一种缝份（图 2-87）。

② "◀"：按 2 边对幅，用于做裤脚、底边、袖口等。将 2 边缝边对折起来，并以 1 边、3 边缝边为基准修正切角（图 2-88）。

③ "▼"：2 边 90° 角，2 边延长与 1 边的缝边相交，过交点做 2 边缝边的垂线与 2 边缝边相交切掉尖角，多用于公主线袖窿处（图 2-89）。

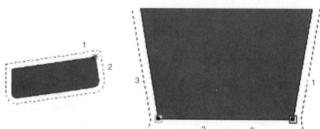

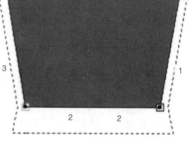

图 2-87　缝边自然延　　　图 2-88　缝边为基准修正　　　图 2-89　缝边相交切掉尖角
　　　　　伸并相交　　　　　　　　　　切角

④ "▨"：角平分线切角，用于做领尖等处。沿角平分线的垂线方向切掉尖角，并可在长度栏内输入该图标中红色线段的长度值（图 2-90）。

⑤ "▨"：斜切角，用于做袖衩、裙衩处的拐角缝边，可以在【终点延长】栏内输入该图标中红色线段以外的长度值，即倒角缝份宽（图 2-91）。

⑥ "▨"：2 边定长，1 边缝边延长至 2 边的延长线上，2 边缝份根据长度栏内输入的长度画出，并做延长线的垂线 [图 2-92（1）]。

⑦ "▨"：2 边定长，1 边垂直，过拐角 O 分别做 1 边、2 边的垂线 OB、OA，过 O 点做 2 边的定长线（延长线）OC（示意图为 3.5cm），再连接 BC，多用于公主线及两片袖的袖窿处，1 边的缝边 BE 与 BC 不在一条直线上 [图 2-92（2）]。

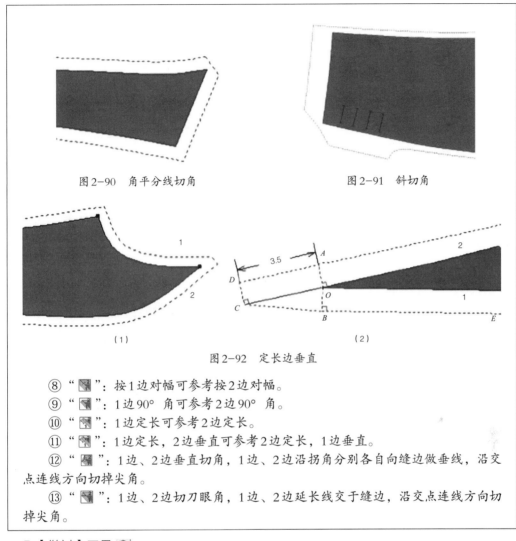

图 2-90 角平分线切角　　　　　　图 2-91 斜切角

（1）　　　　　　　　　　　　（2）

图 2-92 定长边垂直

⑧ "![icon]"：按 1 边对幅可参考按 2 边对幅。

⑨ "![icon]"：1 边 90° 角可参考 2 边 90° 角。

⑩ "![icon]"：1 边定长可参考 2 边定长。

⑪ "![icon]"：1 边定长，2 边垂直可参考 2 边定长，1 边垂直。

⑫ "![icon]"：1 边、2 边垂直切角，1 边、2 边沿拐角分别各自向缝边做垂线，沿交点连线方向切掉尖角。

⑬ "![icon]"：1 边、2 边切刀眼角，1 边、2 边延长线交于缝边，沿交点连线方向切掉尖角。

5.【做衬】工具 ![icon]

（1）在多个纸样上加数据相等的朴（衬）、贴（贴边）：用该工具框选纸样边线后单击右键，在弹出的【衬】对话框中输入合适的数据，【确定】即可。

① 在多个纸样上同时加衬（图 2-93）。

② 多边加衬（图 2-94）。

③ 使用斜线表示衬（图 2-95）。

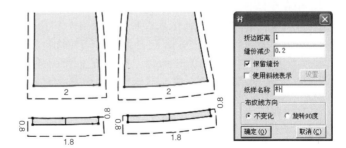

图 2-93 多个纸样上同时加衬

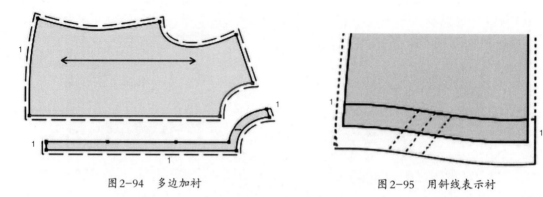

图 2-94　多边加衬　　　　　　　　　图 2-95　用斜线表示衬

（2）整个纸样上加衬：用该工具单击纸样，纸样边线变色，并弹出对话框，输入数值，【确定】即可。

【衬】对话框参数说明（图 2-96）。

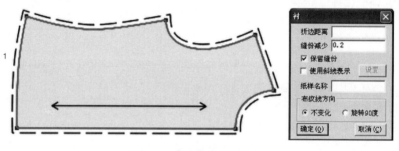

图 2-96　【衬】参数说明

①【折边距离】：输入的数值为正数，所做的贴或衬是以选中线向纸样内部进去的距离；如果为负数，所做的纸样是以选中线向纸样外部出去的距离。

②【缝份减少】：输入的数值为正数，做出的新纸样的缝份减少；如果为负数，做出的新纸样的缝份增大。

③【保留缝份】：勾选，所做新纸样有缝份，反之，所做新纸样无缝份。

④【使用斜线表示】：勾选，做完衬后原纸样上以斜线表示，反之，没有斜线显示在原纸样上。

⑤【纸样名称】：如果在此对话框输入"朴"，而原纸样名称为"前幅"，则新纸样的纸样名称为"前幅朴"，并且在原纸样的加朴的位置显示"朴"字。

⑥【布纹线方向】：选择"不变化"，新纸样的布纹线与原纸样一致；选择"旋转90度"，新纸样的布纹线在原纸样的布纹线上旋转了90°。

6.【剪口】工具 ▨

（1）在控制点上加剪口。

用该工具在控制点上单击即可。

（2）在一条线上加剪口。

用该工具单击线或框选线，弹出【剪口】对话框，选择适当的选项，输入合适的数值，单击【确定】即可。

（3）在多条线上同时等距加等距剪口。

用该工具在需加剪口的线上框选后再单击右键，弹出【剪口】对话框，选择适当的选项，输入合适的数值，单击【确定】即可（图2-97）。

图2-97 在多条线上同时等距加等距剪口

（4）在两点间等分加剪口。

用该工具拖选两个点，弹出【比例剪口、等分剪口】对话框，选择【等分剪口】，输入等分数目，【确定】即可在选中线段上平均加上剪口（图2-98）。

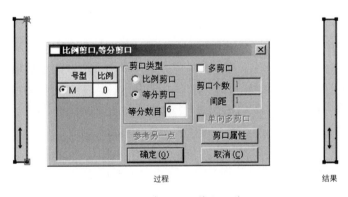

图2-98 在两点间等分加剪口

【比例剪口、等分剪口】对话框参数说明（图2-99）

①【剪口类型】："比例剪口"是针对两点间（可以是多段线的两点间）按比例加剪口；"等分剪口"指两点间加等分剪口（与等分规类似）。

②【参考另一点】：选中"比例剪口"时，单击该按钮，参考点会切换到其他点上。

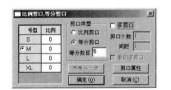

图2-99 【比例剪口、等分剪口】对话框参数

（5）拐角剪口。

①用【Shift】键把光标切换为拐角光标"⊹"，单击纸样上的拐角点，在弹出的对话框中输入正常缝份量，确定后缝份不等于正常缝份量的拐角处都统一加上拐角剪口（图2-100）。

②框选拐角点即可在拐角点处加上拐角剪口，可同时在多个拐角处同时加拐角剪口（图2-101）。

图2-100　统一加拐角剪口

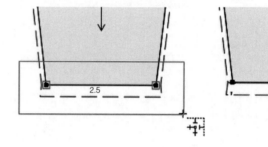

图2-101　拐角点处加拐角剪口

③框选或单击线的【中部】，在线的两端自动添加剪口，如果框选或单击线的一端，在线的一端添加剪口（图2-102）。

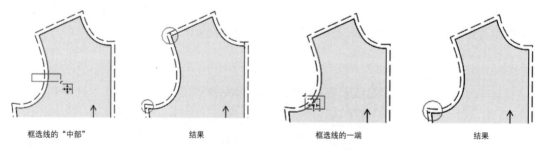

框选线的"中部"　　　　　　　结果　　　　　　　框选线的一端　　　　　　　结果

图2-102　在线的两端自动添加剪口

（6）辅助线指向边线的位置加剪口。

用该工具框选辅助线的一端，只在靠近这段的边线上加剪口，如果框选辅助线的中间段，则两端同时加剪口。用该工具在已有剪口的辅助线上框选，按【Delete】键可删除剪口，也可用橡皮擦删除（图2-103）。

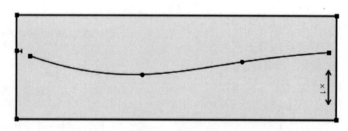

图2-103　辅助线指向边线的位置加剪口

（7）调整剪口的角度。

用该工具在剪口上单击会出现一条线，拖至需要的角度单击即可。

（8）对剪口放码、修改剪口的定位尺寸及属性。

用该工具在剪口上单击右键，弹出【剪口】对话框，可输入新的尺寸，选择剪口类型，最后点【应用】即可。

【剪口】对话框参数说明（图2-104）。

①【定位类型】：选中"距离"时，加剪口以距离定位，数据为所加剪口到参照点（亮星点）的长度；选中"比例"时，加剪口以比例定位，比例为剪口到亮星点的长度与选中线长度的比例。

②【参考类型】：参考点既可以是放码点，也可以是非放码点。

③【多剪口】：指一次打多个剪口，是一个整体。

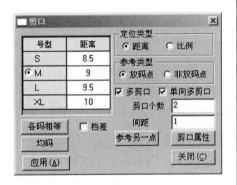

图2-104 【剪口】对话框参数

④【单向多剪口】：勾选，"距离"下的数值是参考点至最近剪口的数值，不勾选是参考点到多剪口中点的数值。

⑤【剪口个数】：可以是两个、三个等。【间距】：指相邻剪口间的距离。

⑥勾选【档差】：无论光标在"距离"下的任一号型中，单击【各码相等】后，各码剪口到参考点的距离都与基码相同。

⑦未勾选【档差】：无论光标在"距离"下的任一号型中，单击【各码相等】后，其他码的剪口到参考点的距离与光标所在码相同。

⑧勾选【档差】：无论在哪个码中输入档差量，再单击【均码】，各码以光标所在码数值"均等跳码"。

⑨未勾选【档差】：在基码之外码中输入数值，再单击【均码】，各码以该号型与基码所得差再"均等跳码"。

7.【袖对刀】工具

（1）用该工具在靠近点A、点C的位置依次单击或框选前袖窿线AB、CD，单击右键。

（2）在靠近点A_1、点C_1的位置依次单击或框选前袖山线A_1B_1、C_1D_1，单击右键。

（3）同样在靠近点E、点G的位置依次单击或框选后袖窿线EF、GH，单击右键。

（4）在靠近点A_1、点F_1的位置依次单击或框选后袖山线A_1E_1、F_1D_1，单击右键，弹出【袖对刀】对话框。

（5）输入恰当的数据，单击【确定】即可（图2-105）。

（6）依次选前袖窿线、前袖山线，后袖窿线、后袖山线。

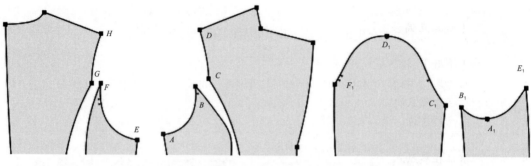

图 2-105　袖对刀操作

【袖对刀】对话框参数说明（图 2-106）。

①【号型】：勾选或有点时，该码显示，所加剪口也即时显示，对话框中数据可随时改动。

②【袖窿总长】：指操作中第一步与第三步的选中线的总长。

③【袖山总长】：指操作中第二步与第四步的选中线的总长。

④【差量】：指袖山总长与袖窿总长的差值。

号型	袖窿总长	袖山总长	差量	前袖窿	前袖山容量	后袖窿	后袖山容量
□S	48.42	50.22	1.8	12	0.2	12	0.2
⦿M	49.75	51.55	1.8	12	0.2	12	0.2
□L	51.13	52.93	1.8	12	0.2	12	0.2
□XL	52.51	54.31	1.8	12	0.2	12	0.2

各码相等　均码　□档差
□从另一端打剪口
确定(O)　取消(C)

图 2-106　【袖对刀】对话框参数

⑤【前袖窿】：指剪口距袖窿底或肩点的长度。

⑥【前袖山容量】：指前袖山的剪口距离与前袖窿剪口距离的差值。

⑦【后袖窿】：指剪口距袖窿底或肩点的长度。

⑧【后袖山容量】：指后袖山的剪口距离与后前袖窿剪口距离的差值。

⑨【从另一端打剪口】：如果选线时是从袖窿底开始选择的，勾选此项，剪口的距离从肩点开始计算。

⑩【各码相等】、【均码】、【档差】参考【褶】对话框说明。

8.【眼位】工具 ⊢•⊣

（1）根据眼位的个数和距离，系统自动画出眼位的位置，用该工具单击前领深点，弹出【加扣眼】对话框。输入偏移量、个数及间距，【确定】即可（图 2-107）。

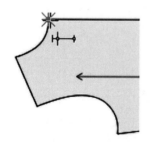
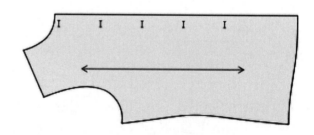

图 2-107　加扣眼

【加扣眼】对话框参数说明（图2-108）。

①【起始点偏移】：指所加第一个眼位与参照点偏移位置。

②【个数】：指同时加的眼位个数。

③"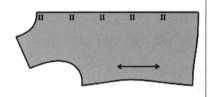"：指相邻眼位间的水平距离，如果加的扣眼在参照点的右边，输入正数；如果加的扣眼在参照点的左边，输入负数。

④"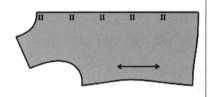"：指相邻眼位间的垂直距离，如果加的扣眼位在参照点的上边，输入正数；如果加的扣眼位在参照点的下边，输入负数。

⑤【角度】：扣眼角度，可以根据纸样的实际需求对扣眼进行不同角度的设置。

⑥【类型】：指扣眼有不同的外形，可以在类型后面的下拉三角里去选择不同的扣眼外形。

⑦"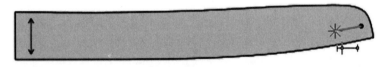"：单击放缩按钮，会弹出"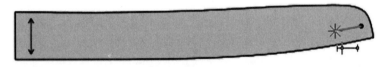"，勾选"扣眼组"，输入"组内个数"及"组间距离"（图2-109）。

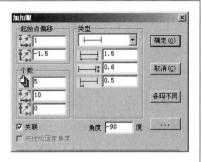

图2-108 【加扣眼】对话框参数

图2-109 加扣眼组

（2）在线上加扣眼，放码时只放辅助线的首尾点即可。操作参考加钻孔。

（3）在不同的码上，加数量不等的扣眼。操作参考加钻孔。

（4）按鼠标移动的方向确定扣眼角度：用该工具选中参考点按住左键拖线，再松手会弹出【加扣眼】对话框（图2-110）。

图2-110 确定扣眼角度

（5）修改眼位：用该工具在眼位上单击右键，即可弹出【加扣眼】对话框。

9.【钻孔】工具 ⊕

（1）根据钻孔（扣位）的个数和距离，系统自动画出钻孔（扣位）的位置。用该工具单击前领深点，弹出【钻孔】对话框。输入偏移量、个数及间距，【确定】即可（图2-111）。

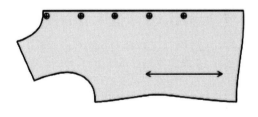

图2-111 加组扣位

【钻孔】对话框参数说明（图2-112）。

①【起始点偏移】：指所加第一个钻孔与参照点偏移位置。

②【关联】：勾选，所加钻孔有关联，放码时只放首尾钻孔，其他钻孔自动放码。反之需要单独放码。

③【个数】：指同时加的钻孔个数。

④" "：指相邻两钻孔间的水平距离。

⑤" "：指相邻两钻孔间的垂直距离。

⑥" "：单击放缩按钮，会弹出" "，勾选"钻孔组"，输入"组内个数"及"组内距离"（图2-113）。

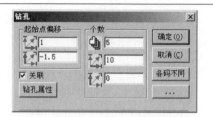

图2-112 【钻孔】对话框参数

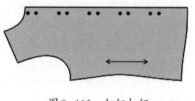

图2-113 加组扣组

（2）在线上加钻孔（扣位），放码时只放辅助线的首尾点即可。用钻孔工具在线上单击，弹出【钻孔】对话框。输入钻孔的个数及距首尾点的距离，【确定】即可（图2-114）。

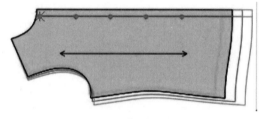

选中纸样辅助线，亮星点为首点

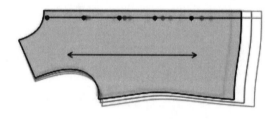

图2-114 组扣位放码

【线上钻孔】对话框参数说明（图2-115）。

①【距首点】：即距离辅助线首点的钻孔距离，亮星点为首点。

②【距尾点】：辅助线相对首点的另一端。

③【隐藏首点钻孔】：勾选，首点钻孔即隐藏。

④【隐藏尾点钻孔】：勾选，尾点钻孔即隐藏。

⑤【等分线段】：勾选，为平分线段加钻孔；不勾选，钻孔间距可自行设定。

图2-115 【线上钻孔】对话框参数

注：在线上加的钻孔或扣位后，如果用调整工具调整该线的形状，钻孔或扣位的间距依然是等距的，以及距首尾点距离都不会改变。

（3）在不同的码上，加数量不等的钻孔（扣位）。有在线上加与不在线上加两种情况。以在线上加数量不等的扣位为例：在前三个码上加3个扣位，最后一个码上加4个扣位。

①用加钻孔工具，在辅助线上单击，弹出【线上钻孔】对话框。

②在扣位的【个数】中输入"3"，单击【各码不同】，弹出【各号型】对话框。

③单击最后一个 XL 码，个数输入"4"，单击【确定】，返回【线上钻孔】对话框。

④再次单击【确定】即可（图 2-116）。

图 2-116　加数量不等钻孔（扣位）

（4）修改钻孔（扣位）的属性及个数：用该工具在扣位上单击右键，即可弹出【线上钻孔】对话框。

【属性】对话框参数说明（图 2-117）。

①【操作方式】：勾选"钻孔"，指连接切割机时该钻孔为切割。勾选"只画"，指连接绘图仪、切割机时为只画。勾选"Drill M43"或"Drill M44"或"Drill M45"，指连接裁床时砸眼的大小。

②【半径】：钻孔圆形半径。

③【对格对条】：设定对条格的编号及后面的勾选项，到排料中会自动对条格。

④【修改款式中所有的钻孔（扣位）】：勾选，本款式中所有的钻孔（扣位）的操作方式、半径都相同。

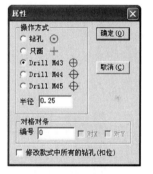

图 2-117　钻孔【属性】对话框参数

10. 褶

（1）纸样上有褶线的情况。

①用该工具框选或分别单击褶线，单击右键弹出【褶】对话框（图 2-118）。

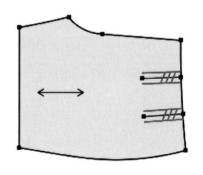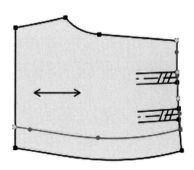

图 2-118　纸样褶线加褶

②输入上、下褶宽，选择褶类型。

③单击【确定】后，褶合并起来。

④用该工具调整褶底，满意后单击右键即可（图2-119）。

> 注：该褶线可以是通褶也可以是半褶。

（2）纸样上平均加褶的情况。

①选中该工具用左键单击加褶的线段AB（多段线时框选线段单击右键）（图2-120）。

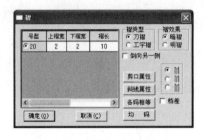

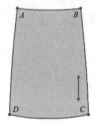

图2-119 【褶】对话框参数　　　　图2-120 纸样平均加褶

②如果做半褶，此时单击右键，弹出【褶】对话框（图2-121）。

③如果做通褶，按照步骤①的方式选择褶的另外一段所在的边线，单击右键弹出【褶】对话框（图2-122）。

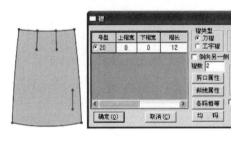

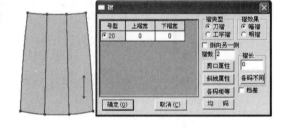

图2-121 做半褶　　　　　　　图2-122 做通褶

④在对话框中输入褶量、褶数等，确定褶合并起来。

⑤用该工具调整褶底，满意后单击右键即可。

右键的位置决定褶展开的方向，同时也决定褶的上下段（靠近右键单击的位置为固定位置，同时靠近右键单击位置的段为上段）。

（3）修改工字褶或刀褶。

①修改一个褶：用该工具将光标移至工字褶或刀褶上，褶线变色后单击右键，即可弹出【褶】对话框。

②同时修改多个褶：用该工具左键单击分别选中需要修改的褶后单击右键，弹出【褶】

对话框（所选择的褶必须在同一个纸样上）。

（4）辅助线转褶图元。

把该工具放在点 A 上按住左键拖至点 B 上松开，同样再放在点 C 上按住左键拖至点 D 上松开，会弹出【褶】对话框，确定后原辅助线就变成褶图元，褶图元上自动带有剪口（图 2-123）。

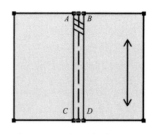

图 2-123　辅助线转褶图元

【褶】对话框参数说明（图 2-124）。

①【上褶宽】：当各码褶量相等时，单击【上褶宽】，这一列的表格全选中，可一次性输入褶量；【下褶宽】、【褶长】也同理。

②【剪口属性】：设置剪口的类型、宽度、大小等。

③【斜线属性】：设置褶上标识的斜线、条线及间隔等。

④【各码相等】：对实际值起效，以当前选中的表格项数值为准，将该组中其他号型变成相等的数值。

⑤【均码】：设置相邻号型的差量相等。

⑥【档差】：勾选，以相对档差显示，反之以实际数值显示。

⑦【通褶】：褶长数值为"0"表示按照完整的长度显示；数值不为"0"，则按照给定的长度显示。单击【各码不同】的按钮，可设置各码的褶长不相等。

⑧半褶："　"指定做褶的方式，第一个选项表示中间向两边加褶量，第二个、第三个是从一侧向另一侧加褶量。

通褶

半褶

图 2-124　【褶】对话框参数

11.【V 形省】工具

（1）纸样上有省线的情况。

①用该工具在省线上单击，弹出【尖省】对话框。

②选择合适的选项，输入恰当的省量。

③单击【确定】后，省合并起来。

④用该工具调整省底，满意后单击右键即可（图 2-125）。

（2）纸样上无省线的情况。

①用该工具在边线上单击，先定好省的位置。

原纸样

加省后调整省底

结果

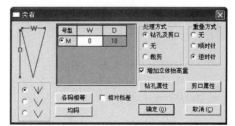

图 2-125　纸样上有省线加省

②拖动鼠标单击，弹出【尖省】对话框。

③选择合适的选项，输入恰当的省量。

④单击【确定】后，省合并起来。

⑤用该工具调整省底，满意后单击右键即可（图2-126）。

定省位　　　　　　　　调整省底　　　　　　　　结果

图2-126　纸样上无省线加省

（3）修改V形省。

选中该工具，将光标移至V形省上，省线变色后单击右键，即可弹出【尖省】对话框。

（4）辅助线转省图元。

用该工具先分别在省底点A、点B上单击，再在省尖点C上单击，会弹出【尖省】对话框，确定后原辅助线就变成省图元。省图元上自动带有剪口、钻孔（图2-127）。

辅助线省　　　　　　　转省图元过程　　　　　　结果

图2-127　辅助线转省图元

注：加上省后，如果再需要修改省量及剪口、钻孔属性，可用修改工具在省上单击右键，即可弹出【尖省】对话框进行修改。

【尖省】对话框参数说明（图2-128）。

【各码相等】、【均码】、【档差】参照【褶】对话框参数说明。

【钻孔属性】参照【钻孔】对话框参数说明。

【剪口属性】参照【剪口】对话框参数说明。

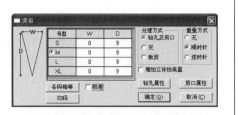

图2-128　【尖省】对话框参数

12.【锥形省】工具

（1）用该工具依次单击点*A*、点*B*、点*C*，弹出【锥形省】对话框。

（2）输入省量，单击【确定】即可（图2-129）。

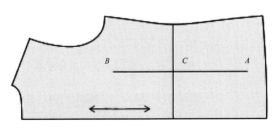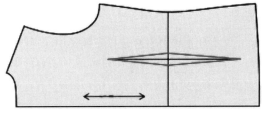

图2-129　纸样加锥形省

【锥形省】对话框参数说明（图2-130）。

"*W*1""*W*2""*D*1""*D*2"：分别指省底宽度、省腰宽度、省腰到省底的长度、全省长。

【各码相等】、【均码】、【档差】参照【褶】对话框参数说明。

【钻孔属性】参照【钻孔】对话框参数说明。

【剪口属性】参照【剪口】对话框参数说明。

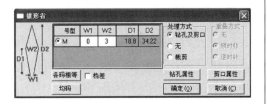

图2-130　【锥形省】对话框参数

注：如果不在指定线上加锥形省或菱形省，*D*1、*D*2为激活状态，可输入数据。

13.【比拼行走】工具

（1）用该工具依次单击点*B*、点*A*，纸样二拼在纸样一上，并弹出【比拼行走】对话框。

（2）继续单击纸样边线，纸样二就在纸样一上行走，此时可以打剪口，也可以调整辅助线。

（3）最后单击右键完成操作（图2-131）。

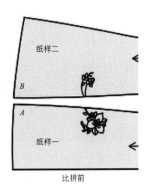

比拼前　　　　　比拼中

图2-131　比拼行走加剪口

> 注：如果比拼的两条线为同边情况，如图 2-132 所示，线 *a*、线 *b* 比拼时纸样间为重叠，操作前按住【Ctrl】键；在比拼中按【Shift】键，分别单击控制点或剪口可重新开始比拼。

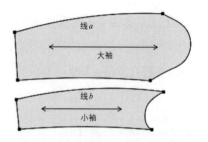

图 2-132　比拼时纸样间为重叠

> 【行走比拼】对话框参数说明（图 2-133）。
>
> ①【固定纸样】、【行走纸样】后的数据框：指加等长剪口时数据是起始点的长度。
>
> ②【固定纸样】、【行走纸样】后的偏移：指加剪口时加的容量。
>
> ③【翻转纸样】：比拼时，勾选，行走纸样翻转一次；去掉勾选，行走纸样再翻转一次。
>
> ④【自动跳过容拔位，范围】：勾选，后面的数据框激活，当对到两剪口时，在显示的范围内两剪口能自动对上位。
>
> ⑤【比拼结束后回到初始位置】：勾选，比拼结束后行走纸样回到比拼前的位置，反之，行走纸样处于结束前的位置。

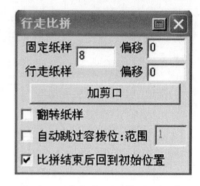

图 2-133　【行走比拼】对话框参数

14.【布纹线】工具 📂

（1）用该工具左键单击纸样上的两点，布纹线与指定两点平行。

（2）用该工具在纸样上单击右键，布纹线以45°旋转。

（3）用该工具在纸样（不是布纹线）上先用左键单击，再单击右键可任意旋转布纹线的角度。

（4）用该工具在布纹线的"中间"位置左键单击，拖动鼠标可平移布纹线。

（5）选中该工具，把光标移至布纹线的端点上，再拖动鼠标可调整布纹线的长度。

（6）选中该工具，按住【Shift】键，光标会变成"T"单击右键，布纹线上、下的文字信息旋转90°。

（7）选中该工具，按住【Shift】键，光标会变成"T"，在纸样上任意点两点，布纹线上、下的文字信息以指定的方向旋转。

> 注：布纹线旋转时，纸样不做任何旋转。

15.【旋转衣片】工具 🔁

（1）如果布纹线是水平或垂直的，用该工具在纸样上单单击右键，纸样按顺时针90°旋转。如果布纹线不是水平或垂直的，用该工具在纸样上单单击右键，纸样在布纹线水平或垂直方向旋转。

（2）用该工具单击左键选中两点，移动鼠标，纸样以选中的两点在水平或垂直方向上旋转。

（3）按住【Ctrl】键，用左键在纸样上单击两点，移动鼠标，纸样可随意旋转。

（4）按住【Ctrl】键，在纸样上单击右键，可按指定角度旋转纸样。

> 注：旋转纸样时，布纹线与纸样同步旋转。

16.【水平垂直翻转】工具 🐾

（1）水平翻转" 🐾 "与垂直翻转" 🐾 "间用【Shift】键切换。

（2）在纸样上直接单击左键即可。

（3）纸样设置左或右，翻转时会提示"是否翻转该纸样？"

（4）如果需要翻转，单击【是】即可（图2-134）。

17.【水平垂直校正】工具 🐾

（1）按【Shift】键把光标切换成水平校正" ⁺◿ "（垂直校正为" ⁺◹ "）。

（2）用该工具单击或框选 *AB* 后单击右键，弹出【水平垂直校正】对话框。

（3）选择合适的选项，单击【确定】即可（图2-135）。

图2-134 "是否翻转该纸样"提示　　　图2-135 【水平垂直校正】对话框

> 注：该工具是修正纸样不是摆正纸样，纸样尺寸会有变化，因此一般情况只用于微调。

18.【重新顺滑曲线】工具 🔲

（1）用该工具单击需要调整的曲线，此时原曲线处会自动生成一条新的曲线（如果曲线中间没有放码点，新曲线为直线，如果曲线中间有放码点，新曲线默认通过放码点）。

（2）用该工具单击原曲线上的控制点，新的曲线就吸附在该控制点上（再次在该点上单击，将脱离新曲线）。

（3）新曲线达到满意后，在空白处再单击右键即可（图2-136）。

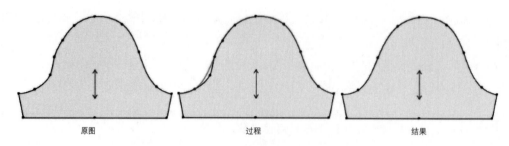

图 2-136　重新顺滑曲线操作

19.【曲线替换】工具 ⌇⌇

（1）结构线上的线与纸样边线间互换。

①单击或框选线的一端，线就被选中（如果选择的是多条线，第一条线需用框选，最后单击右键）。

②单击右键选中线可在水平方向、垂直方向翻转。

③移动光标在目标线上，再用左键单击即可（图 2-137）。

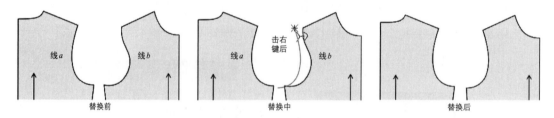

图 2-137　结构线上的线与纸样边线间互换

> 注：在纸样上拖动两点也可以。如图 2-138 所示，把图（1）纸样变成图（2）纸样，用该工具选中线 C 后，从点 A 拖选至点 B；把图（1）纸样变成图（3）纸样，用该工具选中线 C 后，从点 B 拖选至点 A。 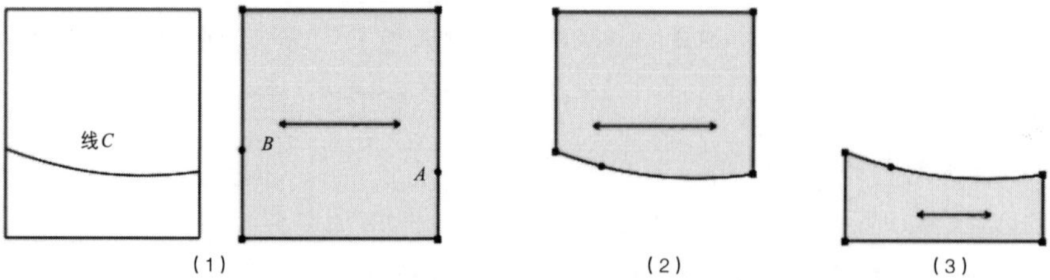
>
> 图 2-138　结构线上的线与纸样边线间互换

（2）纸样上的辅助线变成边线（原边线也可转换辅助线）。

用该工具点选或框选纸样辅助线后，光标会变成" 🖰 "（按【Shift】键光标会变成" 🖰 "），单击右键即可（图 2-139）。

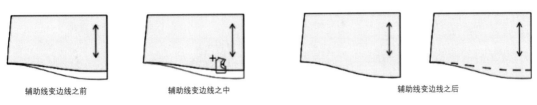

辅助线变边线之前　　　辅助线变边线之中　　　　　　辅助线变边线之后

图2-139　纸样上的辅助线变成边线

20.【纸样变闭合辅助线】工具

（1）如图2-140所示，将纸样A的闭合辅助线移至纸样B，用该工具在纸样A的关键点上单击，再在纸样B的关键点上单击即可（或按【回车】键偏移）。

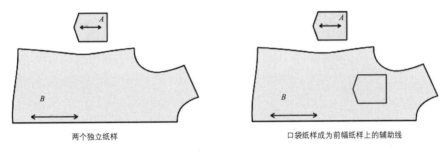

两个独立纸样　　　　　　　　　口袋纸样成为前幅纸样上的辅助线

图2-140　将纸样A的闭合辅助线移至纸样B

（2）如图2-141所示，将后袋纸样按照裤后幅纸样中辅助线CD方向变成闭合辅助线，用该工具先拖选AB，再拖选CD。

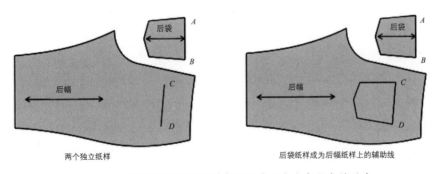

两个独立纸样　　　　　　　　后袋纸样成为后幅纸样上的辅助线

图2-141　纸样按照后幅纸样中辅助线方向变成闭合辅助线

21.【分割纸样】工具

（1）选中分割纸样工具。

（2）在纸样的辅助线上单击，弹出对话框（图2-142）。

（3）选择【是】为根据基码对齐剪开，选择【否】以显示状态剪开（图2-143）。

图2-142　"基码对齐剪开"提示

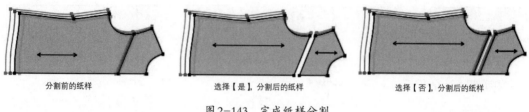

图 2-143　完成纸样分割

22.【合并纸样】工具

（1）按【Shift】键在"＋🔲"（方式A）与"🔳"（方式B）间切换。当在第一个纸样上单击后按【Shift】键，在保留合并线"🔲""🔳"与不保留合并线"＋🔲""🔳"间切换。

（2）选中对应光标后有四种操作方法。

①直接单击两个纸样的空白处。

②分别单击两个纸样的对应点。

③分别单击两个纸样的两条边线。

④拖选一个纸样的两点，再拖选纸样上两点即可合并（图2-144）。

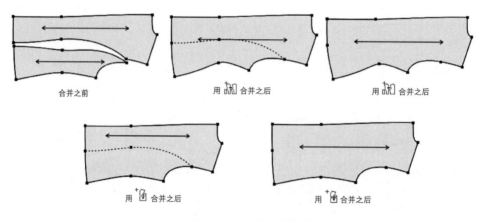

图 2-144　合并纸样操作

23.【纸样对称】工具

（1）关联对称纸样。

①按【Shift】键，使光标切换为"🔳"。

②如图2-145（1）所示，单击对称轴（前中心线）或分别单击点A、点B，即出现图2-145（2）。

③如果需再返回成（1）纸样，用该工具按住对称轴

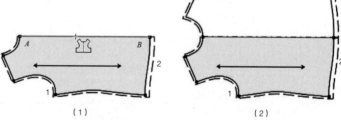

图 2-145　关联对称纸样

不松手，按【Delete】键即可。

（2）不关联对称纸样。

①按【Shift】键，使光标切换为"⁺🎽"。

②如图2-146所示，在（1）纸样上单击对称轴（前中心线）或分别单击点A、点B，即出现（2）纸样。

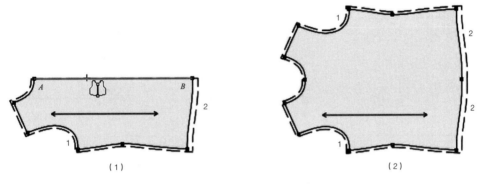

（1）　　　　　　　　　　　　　　　　　　（2）

图2-146　不关联对称纸样

注：如果纸样的两边不对称，选择对称轴后默认保留面积大的一边（图2-147）。

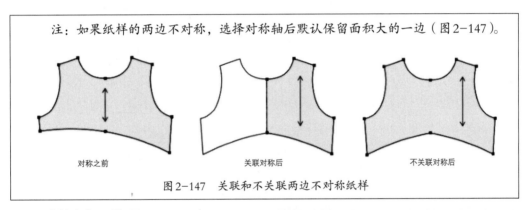

对称之前　　　　　　　　　关联对称后　　　　　　　　　不关联对称后

图2-147　关联和不关联两边不对称纸样

24.【缩水】工具 🖼

（1）整体缩水操作。

①选中缩水工具。

②在空白处或纸样上单击，弹出【缩水】对话框。

③选择缩水面料，选中适当的选项，输入纬向与经向的缩水率，【确定】即可（图2-148）。

序号	1	2	3	4	5	6
纸样名	后中	后侧	后中贴	大袖	小袖	领
旧纬向缩水率	0	0	0	0	0	0
新纬向缩水率	0	0	0	0	0	0
纬向缩放	0	0	0	0	0	0
旧经向缩水率	4	4	4	0	0	4
新经向缩水率	4	4	4	0	0	4
经向缩放	4.17	4.17	4.17	0	0	4.17
加缩水量前的纬向尺寸	20	14.6	22.52	22.94	14.11	34.28
纬向变化量	0	0	0	0	0	0
加缩水量后的纬向尺寸	20	14.6	22.52	22.94	14.11	34.28
加缩水量前的经向尺寸	68.25	53.74	8.42	60.08	50.25	9.27
经向变化量	2.84	2.24	0.35	0	0	0.39
加缩水量后的经向尺寸	71.09	55.98	8.77	60.08	50.25	9.66

○ 仅选择的纸样　　　选择面料　　　纬向缩水率(W)　　　纬向缩放　　　确定
○ 工作区中的所有纸样　全部面料▼
● 款式中所有的纸样　　　　　　　　　经向缩水率(L)　　　经向缩放　　　取消

图2-148　整体缩水操作

注：①整体缩水能记忆旧缩水率，并且可以更改或去掉缩水率。例如，原先加了5%的缩水率，换新布料后，缩水率为7%，那么直接输"7"，清除缩水率，输"0"即可。

②更改或清除缩水率时，表格框会颜色填充起警示作用。

③缩水与缩放两者之间是连动的，在缩水中输入数据，缩放自动会计算出相应值，同理缩放中输入数据，缩水中也有对应值，两者中只需输入其一。如尺寸为100，加10%的缩水，算法为：$100+100\times10\%+100\times10\%\times10\%+100\times10\%\times10\%\times10\%\cdots\approx111.11$；而加10%的缩放，算法为：$100+100\times10\%=110$。

（2）局部缩水操作。

①单击或框选要局部缩水的边线或辅助线后单击右键，弹出【局部缩水】对话框。

②输入缩水率，选择合适的选项。

③单击【确定】即可（图2-149）。

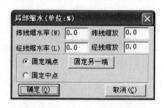

图 2-149　局部缩水操作

注：局部缩水没有记忆旧缩水率功能，应用时一定要留意。

（三）放码工具使用操作说明

1.【平行交点放码】工具

如图2-150所示，图（1）到图（2）的变化，用该工具单击点A即可。

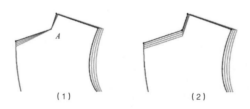

（1）　　　　　　　　　（2）

图 2-150　平行交点放码

2.【辅助线平行放码】工具

（1）用该工具单击或框选辅助线（线a）。

（2）再单击靠近移动端的线（线b）。

如图2-151所示，图（1）至图（2），图（3）至图（4）的变化。

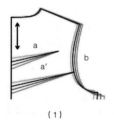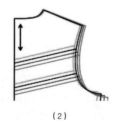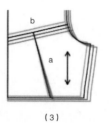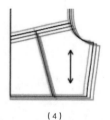

（1）　　　　　　　（2）　　　　　　　（3）　　　　　　　（4）

图 2-151　辅助线平行放码

3.【辅助线点放码】工具

（1）用该工具在辅助线点A上双击，弹出【辅助线点放码】对话框。

（2）在对话框中输入合适的数据，选择恰当的选项。

（3）单击【应用】即可（图2-152）。

图2-152　辅助线点放码

【辅助线点放码】对话框参数说明。

①【长度】：指选中点至参照点的曲线长度。

②【定位方式】：有两种定位方式。更改定位点，单击该按钮后，光标变成
"＋"，此时可单击目标点。

③【档差】：勾选，为相邻码间的档差值；不勾选，输入的数据为指定点到参考
线的距离。

④【各码相等】：在任意号型中输入数据，再单击该按钮，所有号型以该号型的
数据相等放码。

⑤勾选【档差】：无论在哪个码中输入档差量，再单击【均码】，各码以光标所
在码数据"均等跳码"。

⑥未勾选【档差】：在基码之外码中输入数值，再单击【均码】，各码以该号型
与基码所得差再"均等跳码"。

4.【肩斜线放码】工具

（1）肩点没放码，按照肩宽实际值放码。

①用该工具分别单击后中线的两点。

②再单击肩点，弹出【肩斜线放码】对话框，输入合适的数值，选择恰当的选项，【确定】
即可（图2-153）。

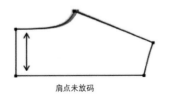

肩点未放码

肩点放码后

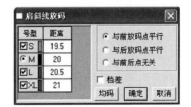

图2-153　按照肩宽实际值放码

（2）肩点放码的操作。

①单击布纹线（也可以分别单击后中线上的两点）。

②再单击肩点，弹出【肩斜线放码】对话框，选择"与前放码点平行"，【确定】即可（图2-154）。

【肩斜线放码】对话框参数说明（图2-155）。

①【距离】：指肩点到参考线的距离。

②【与前放码点平行】：指选中点前面的一个放码点。

③【与后放码点平行】：指选中点后面的一个放码点。

④【档差】：勾选，为相邻码间的档差值；不勾选，输入的数据为指定点到参考线的距离。

⑤勾选【档差】：无论在哪个码中输入档差量，再单击【均码】，各码以光标所在码数据"均等跳码"。

⑥未勾选【档差】：在基码之外码中输入数值，再单击【均码】，各码以该号型与基码所得差再"均等跳码"。

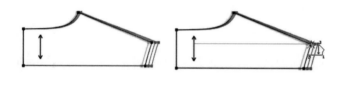

图2-154 肩点放码

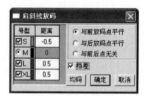

图2-155 【肩斜线放码】
对话框参数

5.【各码对齐】工具 🖌️

（1）用该工具在纸样上的一个点上单击，放码量以该点按水平垂直对齐。

（2）用该工具选中一段线，放码量以线的两端连线对齐。

（3）用该工具单击点之前按住【X】键为水平对齐。

（4）用该工具单击点之前按住【Y】键为垂直对齐。

（5）用该工具在纸样上单击右键，为恢复原状。

注：用"🖌️"选择纸样控制点工具选中放码点，每按一下键盘上的【Z】键，放码量以该点在水平垂直对齐、垂直对齐、水平对齐间切换。这样操作检查放码量更方便。

6.【圆弧放码】工具 🌀

（1）用该工具单击圆弧，圆心会显示，并弹出【圆弧放码】对话框。

（2）输入正确的数据，单击【应用】、【关闭】即可（图2-156）。

图2-156 【圆弧放码】对话框

【圆弧放码】对话框参数说明。

①【各码相等】：勾选，用鼠标单击位置的各码相等。

②【档差】：勾选，表中除基码之外的数据以档差来显示，反之以实际数据来显示。

③【切换端点】：每单击一次，亮星点切换到弧线的另一端，亮星点表示放码不动的点。

7.【拷贝点放码量】工具

（1）单个放码点的拷贝。

用该工具在有放码量的点上单击或框选，再在未放码的点上单击或框选。如图 2-157 所示，图（1）至图（2）的变化。

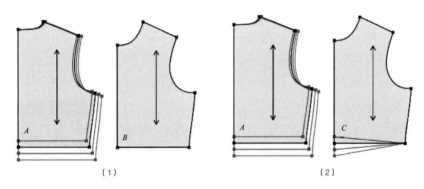

图 2-157　单个放码点的拷贝

（2）多个放码点的拷贝。

用该工具在放了码的纸样上框选或拖选，如点 A 至点 B，再在未放码的纸样上框选或拖选点 C 至点 D。如图 2-158 所示，图（1）至图（2）的变化。

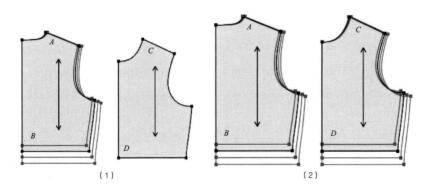

图 2-158　多个放码点的拷贝

（3）把相同的放码量，连续拷贝多个放码点上。

按住【Ctrl】键，用该工具在放了码的纸样上框选或拖选，再在未放码的纸样上框选或拖选。

（4）只拷贝其中的一个方向或反方向，在对话框中选择即可（图2-159）。

图 2-159　只拷贝其中的一个方向或反方向

8. 【点随线放码】工具

（1）例一：线段 *EF* 的点 *F* 根据衣长 *AB* 比例放码。

①用该工具分别单击点 *A*、点 *B*。

②再单击或框选点 *F* 即可。

（2）例二：根据点 *D* 到线段 *AB* 的放码比例来放点 *C*。

①用该工具单击点 *D*，再单击线段 *AB*。

②再单击或框选点 *C*（图2-160）。

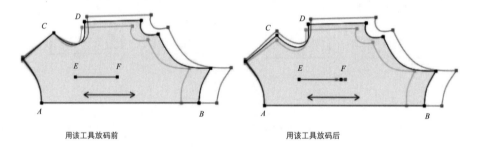

用该工具放码前　　　　　　　　　　　用该工具放码后

图 2-160　点随线放码

9. 【设定或取消辅助线随边线放码】工具

（1）设定 / 取消辅助线随边线放码。

①用【Shift】键把光标切换成"⁺ ⏛ "，辅助线随边线放码。

②用该工具框选或单击辅助线的【中部】，辅助线的两端都会随边线放码。

③如果框选或单击辅助线的一端，只有这一端会随边线放码。

> 注：用该工具【辅助线随边线放码】操作，再对边线点放码或修改放码量后，操作过的辅助线会随边线自动放码。

（2）辅助线不随边线放码。

①用【Shift】键把光标切换成"⁺ ⏛ "，辅助线不随边线放码。

②用该工具框选或单击辅助线的【中部】，再对边线点放码或修改放码量后，辅助线的两端都不会随边线放码。

③如果框选或单击辅助线的一端，再对边线点放码或修改放码量后，只有这一端不会随边线放码。

> 注：如果要对整片纸样的辅助线操作，可使用菜单中的【辅助线随边线自动放码】与【边线与辅助线分离】命令。

10.【平行放码】工具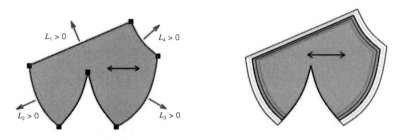

对纸样边线、纸样辅助线平行放码，常用于文胸放码（图2-161）。

图2-161 纸样边线、纸样辅助线平行放码

【平行放码】对话框参数说明（图2-162）。

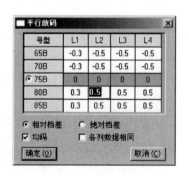

号型	L1	L2	L3	L4
65B	-0.3	-0.5	-0.5	-0.5
70B	-0.3	-0.5	-0.5	-0.5
75B	0	0	0	0
80B	0.3	0.5	0.5	0.5
85B	0.3	0.5	0.5	0.5

图2-162 【平行放码】对话框参数

①【平行放码】：指放码后的曲线（边线段、辅助线）与基码的形状相似，距离为给定值。

②【均码】：指各码之间的距离相同。

③【各列数据相同】：勾选后，表格中的每一列数据均相同。

④【相对档差】与【绝对档差】：由于基码保持不动，认为距离是"0"，每一个码与基码之间都有各自的偏移距离，将这些距离看作是一种档差。"相对档差"是相对于相邻码的差值，"绝对档差"是相对于基码的差值。

⑤距离有正负之分，在纸样上用箭头做标识。大于0表示沿着箭头方向偏移，反之为另一个方向偏移。

⑥如果输入"0"表示该号型上的形状与基码相同。

⑦对于没有被选中的线段，相邻线平行放码时在当前形状的基础上进行截取或延长。

第二节 富怡服装CAD纸样排料系统

一、富怡服装CAD纸样排料系统功能

富怡服装CAD纸样排料系统工作界面包括：标题栏、菜单栏、快捷工具栏、唛架工具栏、主唛架区、辅唛架区、衣板框、状态栏（图2-163）。

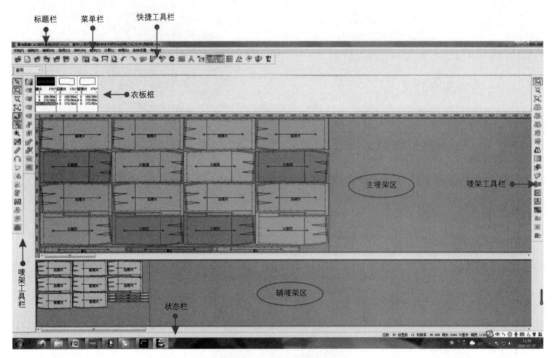

图2-163 富怡服装CAD纸样排料系统工作界面

（一）标题栏

标题栏主要显示软件系统名称、文件存储路径以及软件系统【最小化】、【向下还原】、【关闭】按钮。

（二）菜单栏

菜单栏是应用型软件的常规设置，是放置系统命令的主要区域。富怡服装CAD纸样排料系统菜单包括【文档】、【纸样】、【唛架】、【选项】、【排料】、【裁床】、【计算】、【制帽】、【系统设置】、【帮助】10个菜单项，每个菜单项均包含相对应的系统命令（图2-164）。

图 2-164 富怡服装 CAD 纸样排料系统菜单

（三）快捷工具栏

快捷工具栏用于放置富怡服装 CAD 纸样排料系统，包括【打开款式文件】、【新建】、【打开】、【保存】、【打印】、【绘图】、【增加纸样】、【单位选择】、【参数设定】、【定义唛架】、【纸样资料】、【分割纸样】等常用命令（图 2-165）。

图 2-165 富怡服装 CAD 纸样排料系统快捷工具栏

（四）唛架工具栏

唛架工具栏主要用于放置富怡服装 CAD 纸样排料系统，包括【纸样选择】、【显示唛架】、【旋转限定】、【翻转限定】、【放大显示】、【清除唛架】、【尺寸测量】、【旋转唛架纸样】、【翻转】、【裁剪次序设定】、【重叠检查】、【设定层】等工具。

（五）衣板框

衣板框是用于存放服装 CAD 纸样的区域，在衣板框内可显示衣板缩略图、衣板名称、衣板份数等信息。

（六）主唛架区

用于纸样排料区域。

（七）辅唛架区

用于辅助排料区域。

（八）状态栏

显示当前唛架纸样总数、唛架利用率、当前唛架幅长、唛架幅宽、唛架层数和长度单位等信息。

二、富怡服装CAD纸样排料系统工具

（一）富怡服装CAD纸样排料系统唛架工具匣1

1.【纸样选择】工具

（1）选择一个纸样。使用该工具单击一个纸样。

（2）选择多个纸样。使用该工具在唛架中从空白处拖动，使要选择的纸样包含在一个虚线矩形框内，释放鼠标。或按住【Ctrl】键用鼠标逐个单击所选纸样。

（3）框选多个纸样。使用该工具一次框选尺码表内的纸样拖动，可以是全部也可以是某个纸样的某个号型，单击右键，可以将框选的纸样自动排料。

（4）移动。使用该工具单击纸样，按住鼠标再拖到所需位置处释放鼠标即可。

（5）右键拉线找位。使用该工具在纸样上按住右键向目标方向拖动并松手，选中纸样即可移至目标位置。

（6）单击右键。纸样份数为偶数，属性为对称，当放在工作区的纸样少于该纸样总数的一半时，用右键单击纸样，纸样会旋转180°，再单击右键纸样翻转。纸样在旋转180°和翻转之间切换。

（7）将工作区的纸样放回纸样窗。使用该工具双击想要放回纸样窗的纸样，纸样自动回到纸样窗，可以框选对多个纸样进行操作。

（8）纸样与唛架边界。

①纸样放置于唛架边界：按住【Ctrl】键，使用该工具把纸样拖于唛架边界上。

②定量移动纸样与唛架边界重叠量：当纸样与唛架边界接近时，且纸样处于选中状态，按住【Ctrl】键，每按一次方向键，纸样与唛架边界重叠一个"纸样移动步长"【参数设定】→【排料参数】。

③纸样与唛架边界的重叠量检查：按住【Ctrl】键，使用该工具单击与唛架边界重叠的纸样，即可显示重叠量。

④默认状态下，纸样选择为"选中"状态，在选中其他工具的状态下，按住【空格】键可切换成纸样选择工具的"选中"。

> 注：如果要把唛架上的一个纸样放入唛架上的另一处空白位置（空白位置的面积大于纸样），可以在该纸样上单单击右键不松手，拉动鼠标到该空白位置后，松开右键，这时将看到该纸样自动紧靠着其他纸样放入了空白位置；用该工具自动排料时，按【Ctrl】键，双击某纸样的某号型，可以将这个纸样、这个号型的所有纸样一起放入主唛架区（一次最多放一排）；按【Shift】键，双击某纸样的某号型，可以将该纸样的选中号型的所有纸样按布料宽度能排入这个纸样数的最大量，放入主唛架区，如果这个号型排料后，还有空位能排料进入其他号型的纸样，系统会自动调入（如最多

能排三个纸样，而这个号型只有两个纸样，系统就会自动将其他号型中最适合的一个纸样加进去)。

2.【唛架宽度显示】工具

左键单击【唛架宽度显示】工具，主唛架就以宽度显示在可视界面。

3.【显示唛架上全部纸样】工具

用左键单击【显示唛架上全部纸样】工具，或单击【选项】菜单→【显示唛架上全部纸样】，主唛架的全部纸样都显示在可视界面。

4.【显示整张唛架】工具

用左键单击【显示整张唛架】工具，或单击【选项】菜单→【显示整张唛架】，主唛架的整张唛架都显示在可视界面。

5.【旋转限定】工具

（1）单击【旋转限定】工具，图标凹陷，或单击【选项】菜单→【旋转限定】。

（2）系统将读取【纸样资料】对话框中【排样限定】中有关排料方向的设定，纸样布纹线为双向时，用纸样工具在纸样上单击右键，纸样可旋转180°；纸样布纹线为四向或任意时，用纸样工具在纸样上单击右键，纸样可旋转90°。

（3）再单击【旋转限定】工具，图标凸起，纸样可用中点旋转、边点旋转工具随意旋转。

注：①数字键"1"（顺时针）或"3"（逆时针）的用法：在该工具凸起的情况下，将选中的纸样进行微调，每按一次"1"或"3"后旋转一定的角度，该角度的设定可在【选项】→【参数设定】→【纸样旋转角度】中输入数值即可；在该工具凹陷时不可旋转。②数字键"5"（90°旋转）的用法：纸样属性不成对时，在该工具凹陷时，纸样做垂直翻转；在凸起的情况下，纸样可做任意方向的90°旋转。

6.【翻转限定】工具

（1）单击【翻转限定】工具，图标凹陷，或单击【选项】→【限定翻转】。

（2）系统将读取【纸样资料】对话框中【排样限制】中是否【允许翻转】的设定。

（3）再单击【翻转限定】工具，图标凸起，非成对纸样可随意翻转。

注：数字键"7"（垂直翻转）和"9"（水平翻转）的用法。

在该工具凹陷时，如果【纸样资料】中【纸样数量】为"1"和【纸样属性】为"单片"时，不起翻转作用；在【纸样】→【纸样资料】中【纸样数量】为"2"和【纸样属性】为"成对"时，该工具在凹陷和凸起的情况下，数字键"7"和"9"都可以起翻转作用。

7.【放大显示】工具

（1）单击该工具 🔍。

（2）在要进行放大的区域上单击或框选，然后释放鼠标。

（3）在放大状态下，单击右键可缩小到上一步状态。

（4）按住右键不松手可对唛架进行移动。

> 注：在选中【纸样选择】工具的情况下，按住【空格】键可切换成【放大显示】工具的"选中"。

8.【清除唛架】工具 🗙

（1）单击该工具 🗙，或单击【唛架】菜单→【清除唛架】。

（2）弹出提示对话框，选【是】则清除唛架上所有纸样，选【否】则不清除（图2-166）。

9.【尺寸测量】工具 ✎

（1）单击该工具 ✎。

（2）在唛架上，单击要测量的两点中的起点再单击终点。

（3）测量所得数值显示在状态栏中，"DX""DY"分别为水平位移、垂直位移，"D"为直线距离。

图2-166 清除唛架上所有纸样选项

10.【旋转唛架纸样】工具 🎧

选中纸样，单击该工具 🎧，或单击【纸样】菜单→【旋转唛架纸样】，弹出对话框，在对话框里输入旋转的角度，单击旋转方向，选中的纸样就会做出相应的旋转（图2-167）。

11.【顺时针90度旋转】工具 ↴

选中纸样，单击该工具 ↴，或单击右键或按小键盘数字键"5"，都可完成90°旋转。

图2-167 旋转角度输入

> 注：在没选中【参数设定】中的"快捷键旋转纸样始终根据纸样限定"的情况下，按小键盘数字键"5"，旋转90°。

12.【水平翻转】工具 🔃

选中纸样，单击该工具 🔃，或按小键盘数字键"9"，都可完成唛架纸样水平翻转。

> 注：在小键盘关闭并且在条件允许的情况下，按小键盘数字键"9"，可完成唛架纸样水平翻转。

13.【垂直翻转】工具 🔃

选中纸样，单击该工具 🔃，或按小键盘数字键"7"，都可完成唛架纸样垂直翻转。

注：在小键盘关闭并且在条件允许的情况下，按小键盘数字键"7"，可完成唛架纸样垂直翻转。

14.【纸样文字】工具

单击该工具 ，再单击唛架上的纸样，弹出【文字编辑】对话框，光标默认为【文字】文本框选中，键盘输入所需文字，单击【确定】即可。

【文字编辑】对话框参数说明（图2-168）。

①" "：用来微调字体的位置，单击各箭头可进行上下左右移动，按住【Ctrl】键可以加速移动。

②【高度】、【角度】：用来调整字体的高度和角度，如果需要更精确的设定，可单击【字体】按钮，在弹出的【字体】对话框里进行设定。

③【所有号型】：勾选，则在该纸样的所有号型上都加上输入的文字。

图 2-168　【文字编辑】对话框参数

15.【唛架文字】工具 M

（1）使用该工具 M 在唛架空白处单击。

（2）出现【唛架文字】对话框。

（3）在对话框中输入文字，单击【确定】即可。

注：一定要勾选【选项】菜单下的【显示唛架文字】，否则不显示。

16.【成组】工具

（1）用左键框选两个或两个以上的纸样，纸样呈选中状态。

（2）单击该工具 ，纸样自动成组。

（3）移动时，可以将成组的纸样一起移动（图2-169）。

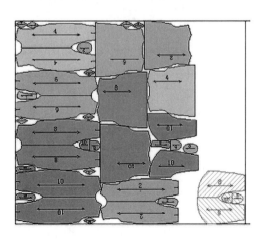
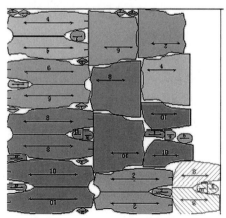

图 2-169　纸样成组

17.【拆组】工具

选中成组的纸样，单击该工具 ，在
空白处单击，成组纸样拆组。

18.【设置选中纸样虚位】工具

（1）选中需要设置虚位的纸样。

（2）单击该工具 ，弹出【设置选中
纸样的虚位】对话框（图2-170）。

（3）输入虚位值，单击【采用】即可。

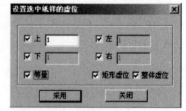

图2-170　设置选中纸样的虚位

（二）富怡服装CAD纸样排料系统唛架工具匣2

1.【显示辅唛架宽度】工具

单击该工具 ，辅唛架以最大宽度显示在可视区域。

2.【显示辅唛架所有纸样】工具

单击该工具 ，辅唛架上所有纸样显示在可视区域。

3.【显示整个辅唛架】工具

单击该工具 ，整个辅唛架显示在可视区域。

4.【展开折叠纸样】工具

选中折叠纸样，单击该工具 ，即可看到被折叠过的纸样又展开。

5.【纸样右折】工具 、【纸样左折】工具 、【纸样下折】工具 、【纸样上折】工具

（1）选择菜单栏【唛架】→【唛架设定】，将层数设为偶数层，【料面模式】设为【相对】，
【折转方式】设为【下折转】（图2-171）。

图2-171　唛架设定

（2）单击上下对称的纸样，再单击【纸样下折】工
具 ，即可看到纸样被折叠为一半，并靠于唛架相应
的折叠边（图2-172）。

（3）同样，单击左右对称的纸样，再单击向左折叠
或向右折叠，即可看到纸样被折叠为一半，并靠于唛架
相应的折叠边。

6.【裁剪次序设定】工具

（1）单击该工具 ，或单击【裁床】菜单→【编

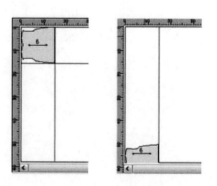

图2-172　纸样折叠

辑裁剪次序】，即可看到自动设定的裁剪顺序（图2-173）。

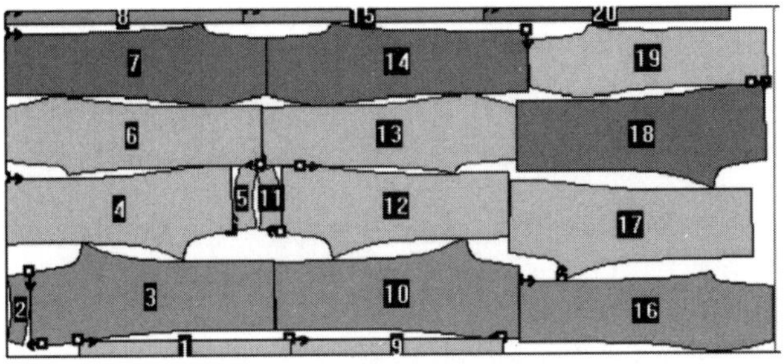

图2-173　自动设定的裁剪顺序

（2）按住【Ctrl】键，单击裁片，弹出【裁剪参数设定】对话框（图2-174）。

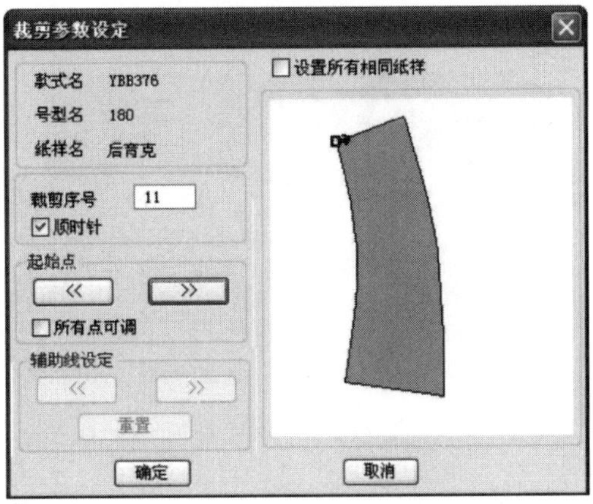

图2-174　裁剪参数设定

（3）在对话框栏输入数值，即可改变裁片的裁剪次序。

（4）在【起始点】栏内单击“<<”或“>>”可移动该纸样的切入起始点。

（5）勾选“设置所有相同纸样”，单击【确定】，即可将所有相同纸样设置为相同的起始点。

7.【画矩形】工具

（1）单击该工具，松开鼠标拖动再单击，即可画一个临时的矩形框。

（2）单击【纸样选择】工具，将鼠标移至矩形边线，光标变成箭头时，单击右键，出现【删除】，单击【删除】就可以将刚才画的矩形删除。

8.【重叠检查】工具

（1）单击该工具，使其凹陷。

（2）在重叠的纸样上单击就会出现重叠量，如图2-175所示，单击重叠的纸样时显示两纸样的最大重叠量。

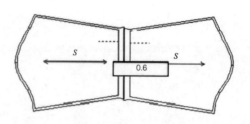

图2-175 重叠检查

9.【设定层】工具

（1）单击该工具 ，整个唛架上的纸样设为"1"（上一层）。

（2）用该工具在其中重叠纸样上单击，即可设为"2"（下一层）。绘图时，设为"1"的纸样可以完全绘出来，而设为"2"的纸样跟"1"纸样重叠的部分（如图2-176所示灰色的线段），可选择不绘出来或绘成虚线。

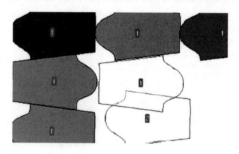

图2-176 设定层

> 注：此工具可以设定任意数字，但都是数字小的层数覆盖数字大的层数，如"2"覆盖"3"、"4"覆盖"8"、"15"覆盖"20"等。

10.【制帽排料】工具

（1）选中要排的纸样，单击该工具 。

（2）弹出【制帽单纸样排料】对话框。

（3）在【排料方式】中选择适合排料方式，可勾选【纸样等间距】、【只排整列纸样】、【显示间距】。

（4）单击【确定】，该纸样自动排料。如果勾选【显示间距】，排完后会自动显示纸样间距；如果没勾选【显示间距】，需要查看的时候，再选该选项也能显示出间距（图2-177）。

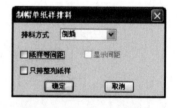

图2-177 制帽单纸样排料

> 注：对整体纸样刀模排版，请参考【制帽菜单】。

11.【主辅唛架等比显示纸样】工具

单击该工具 ，使其凹陷，辅唛架上的纸样与主唛架纸等比例显示出来，再单击该图标，可退回以前的比例。

12.【放置纸样到辅唛架】工具

单击该工具　，弹出对话框可按款式名或号型选择放置纸样，选择完毕按【放置】将所选号型放置到辅唛架，放置好按【关闭】（图2-178）。

图2-178　所选号型放置到辅唛架

13.【清除辅唛架纸样】工具

单击该工具　，辅唛架上的全部纸样放回纸样窗。

14.【切割唛架纸样】工具

（1）选中需要切割的纸样，单击该工具　，弹出【剪开纸样】对话框（图2-179），在选中的纸样上显示一条蓝色的切割线，在切割线的两端和中间各有小方框。

（2）左键单击切割线两端小方框其中的一个，松开鼠标，拖动鼠标到需要的位置再单击鼠标，则切割线就会以另一端的小方框为旋转中心旋转，旋转的角度就会显示在角度框内，在缝份框内可以输入缝份量。单击切割线中间的小方框，松开鼠标拖动，则是平移切割线，单击【垂直】和【水平】按钮则切割线呈垂直和水平切割，单击【确定】即可（图2-180）。

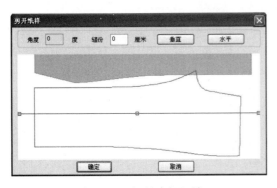

图2-179　切割唛架纸样

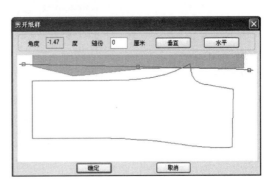

图2-180　剪开纸样

15.【裁床对格设置】工具

（1）对纸样以正常的步骤对条格。

（2）单击该工具　，则工作区中已经对条、对格的纸样就会以橙色填充显示，表示纸样被送到裁床上要进行对条、对格；没有对条、对格的纸样以灰色填充显示。

（3）如果不想在裁床上对条、对格，用该工具单击已对条、格的纸样，则纸样的填充色由橙色变成蓝色，表示该纸样在裁床不对条、对格，再单击该纸样又由蓝色变成橙色。

> 注：勾选【选项】菜单→【对条对格】，【裁床对格设置】工具" "图标才被激活。

16.【放缩纸样】工具

（1）用该工具在需要放大或缩小的唛架纸样上单击。

（2）弹出【放缩纸样】对话框，输入正数原纸样会缩小，输入负数原纸样会放大，单击【确定】即可（图2-181）。

图2-181　放缩纸样

（三）富怡服装CAD纸样排料系统布料工具匣

布料工具匣 **布料工具匣**

单击右边三角按钮，弹出文件中所有布料的种类，选择其中一种，纸样窗里就会出现对应布种的所有纸样。

（四）富怡服装CAD纸样排料系统超排工具匣

1.【超级排料】工具

（1）载入纸样文件，设置唛架宽。

（2）单击【排料】菜单→【超级排料】，弹出【超级排料设置】（图2-182）。

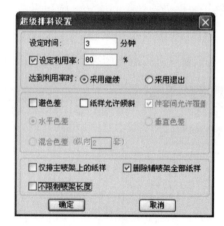

图2-182　超级排料设置

（3）在【设定时间】内输入"3~10"分钟。

（4）单击【确定】，纸样开始排料（图2-183）。

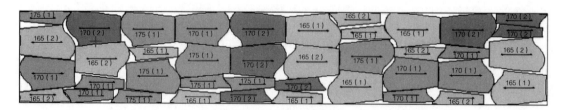

图2-183　完成超级排料

【超级排料设置】对话框参数设置说明（图2-184）。

图2-184 【超级排料设置】对话框参数说明

①【设定时间】：设置排料所用时间。

②勾选【设定利用率】、选中【采用继续】：当排料利用率达到设定的利用率时，会继续排料。

③勾选【设定利用率】、选中【采用退出】：当排料利用率达到设定的利用率时，会退出不再排料。

④【避色差】：勾选该选项，有三种避色差方式，水平色差、垂直色差、混合色差。

⑤【纸样允许倾斜】：勾选该选项，在【纸样资料】中设置的【允许倾斜】的度数才有效。

⑥【水平件套间允许覆盖】：勾选该选项，件套间可以相互穿插排料（图2-185）。

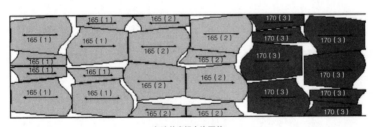

勾选件套间允许覆盖

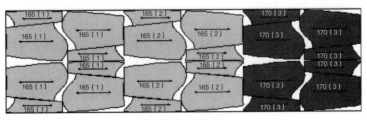

没勾选件套间允许覆盖

图2-185 件套间允许覆盖排料

⑦【水平色差】：勾选该选项，所有件套从左到右排列。

⑧【垂直色差】：勾选该选项，所有件套从上到下排列（图2-186）。

⑨【混合色差（纵向X套）】：勾选该选项，所有纸样按照"X"件套为一列的方式从左向右排列，如图2-187所示，纵向为两套。

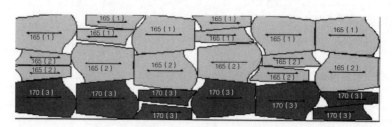

图2-186　垂直色差排料

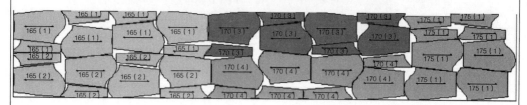

图2-187　混合色差（纵向X套）排料

⑩【按号型从上到下的顺序排列】：默认情况不要选中，超排时，按照从最大号型往最小号型排列，可以用水平色差查看。选中时就按从小到大排列。

⑪【仅排主唛架上的纸样】：勾选，超排时只排主唛架上的纸样；不勾选，超排时连同纸样窗未排的纸样一起排料。

⑫【删除辅唛架全部纸样】：勾选，超排时会删除辅助唛架纸样并与其他纸样一起排料；不勾选，超排时辅助唛架上纸样不参与排料。

⑬【不限制唛架长度】：勾选，当实际排唛的长度超出了设定的唛架长度，还会继续排料；不勾选，当实际排唛的长度超出了设定的唛架长度就不会排料了。

2.【嵌入纸样】工具 ◨

（1）保证唛架上有纸样。

（2）单击该工具 ◨ 。

（3）弹出【抖动重叠纸样】对话框。

（4）选择一种模式，单击【OK】（图2-188）。

图2-188　【抖动重叠纸样】对话框

注："一般模式"下不能设置【抖动时间】，系统会自动对重叠纸样进行排料，当处理完毕后，系统会自动停止。"高级模式"可以设置【抖动时间】，当处理完毕后，系统会自动结束，若没有处理完毕，但时间已经用完，系统也会自动解除处理。两种模式下都可以手动结束。

3.【改变唛架纸样间距】工具 🔲

（1）保证唛架上有纸样。

（2）单击该工具 🔲 。

（3）弹出【设置纸样间距】对话框。

（4）完成设置，单击【OK】（图2-189）。

4.【改变唛架宽度】工具 🔲

（1）保证唛架上有纸样。

（2）单击该工具 🔲 ，弹出【重定义唛架宽度】对话框（图2-190）。

（3）选择处理模式，输入新的唛架宽度，单击【OK】。

图2-189　【设置纸样间距】对话框

图2-190　【重定义唛架宽度】对话框

5.【抖动唛架】工具 🔲

（1）保证唛架上有纸样。

（2）单击该工具 🔲 ，弹出【抖动唛架】对话框（图2-191）。

（3）选择处理模式，单击【OK】。

6.【捆绑纸样】工具 🔲

（1）选中需要捆绑的纸样。

（2）单击该工具 🔲 。

图2-191　【抖动唛架】对话框

注：排料时被捆绑纸样的相对位置始终保持不变，单次捆绑的纸样为一个单独的组。

7.【解除捆绑】工具 🔲

（1）选中已经被捆绑的纸样。

（2）单击该工具 ⬚ 。

8.【固定纸样】工具 ⬚

（1）选中需要固定的纸样。

（2）单击该工具 ⬚ 。

> 注：排料时被固定位置纸样的位置和形状始终不变，不能拖拉，也不能旋转，单次固定的纸样为一个单独的组。

9.【解除固定】工具 ⬚

（1）选中固定纸样。

（2）单击该工具 ⬚ 。

10.【查看捆绑记录】工具 ⬚

选中该工具，被捆绑的纸样即被选中。

11.【查看锁定记录】工具 ⬚

选中该工具，被固定的纸样即被选中。

（五）富怡服装CAD纸样排料系统快捷工具匣（主工具匣）

1.打开【款式文件】工具 ⬚

（1）载入。

①单击【载入】，弹出【纸样制单】对话框。

②参照对话框说明进行设置，再单击【确定】。

（2）查看。

①单击文件名，单击【查看】图标。

②弹出【纸样制单】对话框，修改其中内容后，单击【确定】。

③回到第一个对话框，单击【确定】即可。

（3）删除。

单击文件名，单击【删除】按钮即可。

（4）添加纸样。

①选中已经载入的纸样文件，单击【添加纸样】按钮，弹出【选取款式】对话框（图2-192）。

②选取DGS、PTN、PDS文件，双击选中文件名，弹出【添加纸样】对话框。

③选中需添加的纸样，单击【确定】（一次可增加多个纸样），弹出【款式信息】对话框（图2-193）。

一般用于唛架已经排了一部分，而本唛架的纸样文件又增加一些裁片的情况，或增加其他纸样文件的部分裁片的情况。

图2-192 【选取款式】对话框

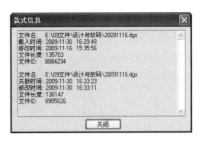

图2-193 【款式信息】对话框

双击文件名，弹出【纸样制单】对话框，可修改其中的选项（图2-194）。

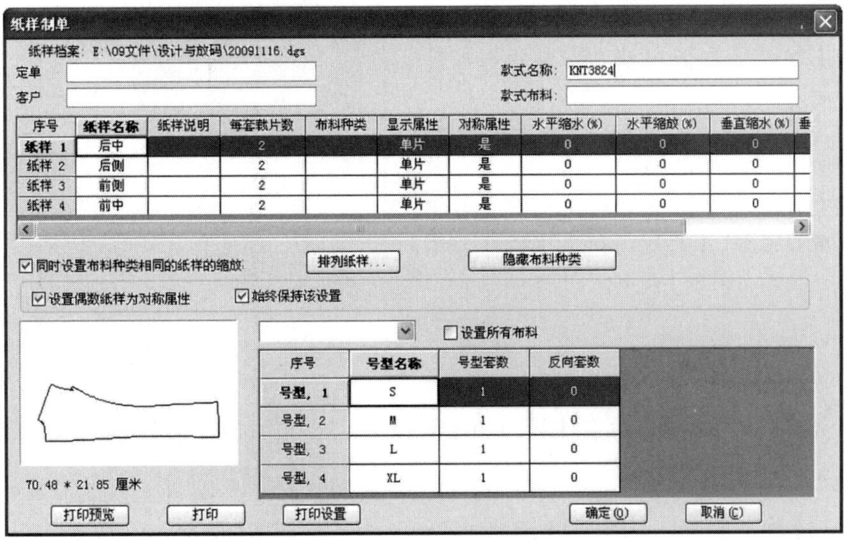

图2-194 【纸样制单】对话框

①【纸样档案】：其中列出了当前款式文件的路径和文件名。

②【定单、款式名称、客户、款式布料】：可以输入各自对应的内容，如果在总体资料对话框中已定义这四项的名称，这里就不再需要输入新的名称。

③【纸样名称】：用来定义裁片名称。如果改变纸样名称，则原名称被新名称所取代。

④【纸样说明】：用来给纸样进行补充说明。

⑤【每套裁片数】：该栏定义在唛架上裁片的数量，该数字将以计数器形式被显示在尺码表中。在排样过程中，该数目在逐渐减少，直至所有纸样被排完或唛架被排满为止。被定义为"0"的任何纸样，在排料过程中将不被读取。

⑥【布料种类】：该项定义纸样的布料类型。

⑦【显示属性】：可在本栏为纸样定义单片、左、右属性。如果纸样只有一片，则系统默认为单片，如为"2"等偶数则可选左片或右片。

⑧【对称属性】：该项定义纸样是否对称。如果纸样数量为"2"，且【对称属性】为"是"，那么就会得到左、右各一片纸样；如果纸样数量为"2"，且【对称属性】为"否"，那么将得到两个一样的纸样。

⑨【水平缩水】、【水平缩放】、【垂直缩水】、【垂直缩放】：在这里输入缩水后，纸样在放入唛架前就已缩水。

⑩【纸样代码】：该栏用来定义裁片代码。可在该栏定义连续的数字，或代表纸样类型的代号。

⑪【号型名称】：该栏下显示有各号型的名称。

⑫【号型套数】：该栏下可以输入本床唛架各号型需要的套数。

⑬【反向套数】：纸样布纹线为单向时，在此可输入反向排料的套数。

注：该对话框的内容，如需显示在唛架上每个纸样上，那么必须单击【选项/在唛架上显示纸样】，弹出【显示唛架纸样】对话框，在其【说明】栏下单击【布纹线上】或【布纹线下】旁的黑三角，在弹出的浮动菜单中选择这些已输入内容的项目。

⑭【打印预览】：可在打印纸样制单前进行预览。

⑮【打印】：该命令用于打印纸样制单。

⑯【打印设置】：该命令用于设置打印纸样制单的内容，【打印选项】中蓝色为选中的打印内容（图2-195）。

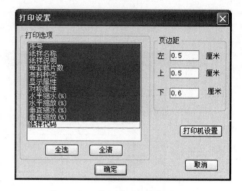

图2-195 【打印设置】对话框

2.【新建】工具

（1）单击该工具或单击【文档】菜单→【新建】，弹出【唛架设定】对话框，参照对话框说明进行设定。

（2）单击【确定】，如有未保存唛架，则弹出对话框，询问【是否保存】，选【是】唛架就以原路径保存，弹出【选取款式】对话框。

（3）单击【载入】，弹出【选取款式文档】对话框，选择DGS或PDS或PTN文件，双击选中文件名，弹出【纸样制单】对话框。

（4）按照对话框说明进行设置，再单击【确定】。

（5）回到第一个对话框，单击【确定】即可。

【唛架设定】对话框参数说明（图2-196）。

①【说明】：输入与此唛架相关简介，此内容可显示在唛架头或尾中。

②【选取唛架】：该项有效时，允许从【唛架设定】对话框的唛架库表中选取唛架尺寸。上次唛架的尺寸可当作下次唛架的默认尺寸。可用上面的说明将最常用的唛架说明内容存入唛架库表中。

③【宽度】：在其中输入唛架所需的宽度（布料幅宽）数值用来定义唛架的宽度。

④【长度】：该视窗用来定义唛架长度。该值仅是裁床的最大长度的参考值。可在排料时按照实际需要随时改变长度。

⑤【缩放】：可对已排好的唛架进行缩水或缩放处理。

⑥【层数】：指在该唛架上一共要铺布料的层数。

⑦【料面模式】：指面料的铺布方式，"单向"或"相对"（合掌）。

⑧【纸样面积总计】：显示唛架上所有纸样的面积总和。

⑨【唛架边界】：如果布料有残次边，则在此处定义去掉残次边的边界区域。

⑩【左边界】：用来定义唛架边界的左边缘的预留宽度。

⑪【右边界】：用来定义唛架边界的右边缘的预留宽度。

⑫【上边界】：用来定义唛架边界的上边缘的预留宽度。

⑬【下边界】：用来定义唛架边界的下边缘的预留宽度。

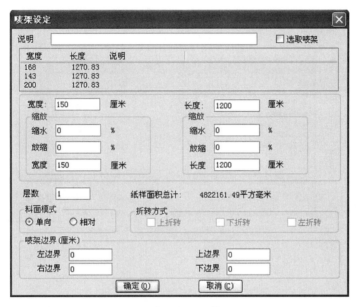

图 2-196　【唛架设定】对话框

3.【打开】工具

（1）单击该工具或单击【文档】菜单→【打开】，弹出【开启唛架文档】对话框。

（2）选择唛架文档（唛架文档都是".mkr"扩展名），按【回车】键，或按【打开】按钮，或在文件名上双击即可（图2-197）。

4.【打开前一个文件】工具

在当前打开的唛架文件夹下，按名称排序后，打开当前唛架的上一个文件。

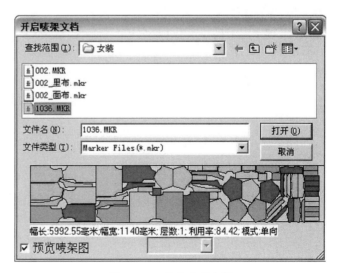

图 2-197　开启唛架文档

5.【打开后一个文件】工具

在当前打开的唛架文件夹下，按名称排序后，打开当前唛架的后一个文件。

6.【打开原文件】工具

在打开的唛架上进行多次修改后，想退回到最初状态，用此功能一步到位。

7.【保存】工具

（1）单击 保存或单击【文档】菜单→【保存】，如果屏幕上显示的唛架文件".mkr"已被保存过，则将该文件存在当前路径下的当前档案名下；如果是第一次保存该文件，则会弹出【另存唛架文档为】对话框（图2-198）。

图2-198 【另存唛架文档为】对话框

（2）选择恰当的存盘路径。

（3）在【文件名】文本框内输入唛架文件名，单击保存即可。

注：给文件取名，单击保存后，".mkr"将自动作为该文件的后缀。

8.【储存本床唛架】工具

（1）单击该工具，弹出【储存现有排样】对话框。

（2）在对话框中给所存唛架输入档案名或单击【浏览】选择文件名，单击【确定】。

【储存现有排样】对话框参数说明（图2-199）。

---

①【浏览】：用该按钮为本床唛架指定路径及文件名。

②【只储存已排样部分】：勾选该项后，只储存当前唛架上已排部分，不储存未排部分；不勾选该项，已排和未排纸样都要储存。

③【所有唛架】：勾选该项后，储存所有唛架；不勾选该项，只储存当前唛架。

图2-199 【储存现有排样】对话框

9.【打印】工具

单击该工具,弹出【打印】对话框,选择对应的打印机型号,按【确定】即可(图2-200)。

图2-200 【打印】对话框

注:单击【属性】→【打印纸张】选项,在【方向】栏内可选择打印纸的方向。

10.【绘图】工具

(1)单击该工具,弹出【绘图】对话框(图2-201)。

【绘图】对话框参数说明。

①【实际尺寸】:是指将纸样按1:1的实际尺寸绘制。

②【给定比例绘图】:点选该项后,文本框激活,可输入绘制纸样与实际尺寸的百分比数。

③【切割纸样】:勾选,用切割机切割时会将纸样切割下来。

④【切割边框】:勾选,用切割机切割时会将唛架的边框切割下来。

⑤【选页绘图】:单击,弹出【选择绘图页】对话框,可以设置绘图的长度或页数(图2-202)。

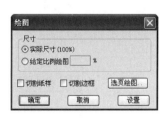

图2-201 【绘图】对话框

图2-202 【选择绘图页】对话框

（2）单击【设置】弹出【绘图仪】对话框，在对话框中对当前绘图仪、纸张、预留边缘及绘图仪端口进行设定，选定选项后单击【确定】即可绘图。

> 【绘图仪】对话框参数说明（图2-203）。
> ①【当前绘图仪】：用于选择绘图仪的型号，单击旁边的小三角会弹出下拉列表，选择当前使用的绘图仪名称。
> ②【纸张大小】：用于选择纸张类型，单击旁边的小三角会弹出下拉列表，选择纸张类型，也可以选择自定义，在弹出的对话框中输入页大小，单击【确定】即可。" ▉ "设置绘图纸的左边距，" ▉ "设置绘图纸的右边距，" ▉ "设置本次绘图与下次绘图的间距，" ▉ "设置对位标记间距。
> ③【纵向】、【横向】：用于选择绘图的方向。
> ④【输出到文件】：勾选，可把工作区唛架存储成PLT文件。在绘图中心直接调出PLT文件，这样即使连接绘图仪的计算机上没有服装软件也可以绘图（图2-204）。
> ⑤【工作目录】：指绘图时的工作路径，绘图端口在绘图中心设置。
> ⑥【误差修正】：用于校正绘图出来的尺寸是不是实际尺寸。

图2-203 【绘图仪】对话框

图2-204 输出PLT文件

11.【打印预览】工具

单击该工具，弹出【打印预览】界面，单击【打印】按钮即可打印。

12.【后退】工具

直接单击该工具，或按键盘组合键【Ctrl+Z】。

13.【前进】工具

直接单击该工具，或按键盘组合键【Ctrl+X】。

14.【增加样片】工具

（1）单击尺码表选择要增加的纸样号型。

（2）单击该工具，弹出【增加纸样】对话框，在对话框内输入增加纸样数量，输入负数为减少（图2-205）。

（3）勾选"所有号型"，可为所有码增加数量。

（4）单击【确定】即可。

图2-205 【增加纸样】对话框

15.【单位选择】工具

单击该工具或单击【唛架】菜单→【单位选择】，弹出【量度单位】对话框，在对话框里设置需要的单位，单击【确定】即可（图2-206）。

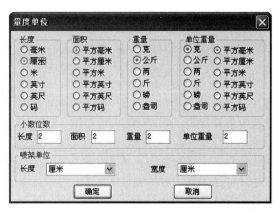

图2-206 【量度单位】对话框

16.【参数设定】工具

（1）单击该工具或单击【选项】菜单→【参数设定】，弹出【参数设定】对话框。

（2）修改完后单击【应用】，或单击另一个选项卡名标进行修改，全部选定后，再单击【确定】。

【参设定数】→【排料参数】选项卡说明（图2-207）。

①【根据虚位显示重叠状态】：勾选该选项，纸样加虚位再重叠时，只要虚位重叠纸样就会变色，无颜色填充纸样。

②【实用料线作为基准线】：勾选该选项，手动排料收尾时，唛架右边界会对齐。

③【仅套内纸样对格对条】：如果一个码中有几套纸样对条格，勾选该选项时，那么每套纸样可各对各的，大大提高布料利用率。

④【自动调整重叠纸样】：勾选该项内的选项，在手动排料执行勾选动作时，会将重叠纸样自动弹开。

⑤【纸样移动步长】：用键盘上下左右移动键时，每按一次移动键纸样就移动设定的距离。

图2-207 【参数设定】→【排料参数】选项卡

⑥【纸样旋转角度】：用小键盘上的数字键"1""3"键或"Z""C"键操作时每按一下纸样就旋转设定的角度。

⑦【在号型表中单击鼠标排放纸样】：勾选后，用【纸样选择】工具在号型表中单击号型名即可排放纸样，否则需要双击，这个选项可根据个人情况自行选择。

⑧【纸样数量不足时不允许复制操作】：勾选后，在使用复制唛架、复制倒插时，需先为纸样加够数量，数量不够则不能复制。

⑨【快捷键旋转纸样始终根据纸样限定】：在"旋转限定"没选中的情况下，不勾选该选项，按键盘"5"键或单击鼠标右键时，样片旋转90°；勾选该选项，按键盘"5"键或单击鼠标右键时，样片旋转180°。

⑩【移动纸样时不需按下鼠标】：勾选后，在移动纸样时，不需按住鼠标就可以将纸样移动到想要移动的位置。

⑪【重叠时不放置纸样】：勾选【移动纸样时不需按下鼠标】选项后，才可以设置此选项，此选项在勾选后，排料时不能放置重叠的纸样。

【参数设定】→【纸样参数】选项卡说明（图2-208）。

在该选项卡中有默认的【剪口长】、【剪口宽】、【纽扣半径】（针对某一放码版本中没有图元的参数设定）、【辅助点半径】的数据，以及【款式载入时的初始套】设定，【自动调整布纹线长度】可默认为"自动加长"或"自动缩短"。

【参数设定】→【显示参数】选项卡说明（图2-209）。

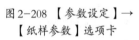

图2-208 【参数设定】→
【纸样参数】选项卡

图2-209 【参数设定】→【显示参数】选项卡

①【系统默认字体】：单击下拉列表框，单击选择一种字体即为系统新的默认字体。

②【窗口尺寸】：【纸样窗宽】、【纸样窗高】、【号型表高】等选项，可以在其右面文本框中双击输入新的数据或单击微调按钮修改其默认值。

③【纸样窗】：

【显示初值为0的纸样】：纸样制单中如果有数量为"0"的纸样，在调入排料后，勾选该命令，纸样窗会显示该纸样，号型表会显示纸样数量为"0"；不勾选该命令，则纸样窗和号型表都不会显示该纸样。

【号型表中先显示号型名】：勾选后，号型表中的号型编号会排到纸样数量的前面。

【显示纸样说明】：勾选后，纸样窗纸样上显示纸样名及选择号型。

④【唛架】：

【唛架文字在纸样上面】，用【唛架文字】工具写在唛架上的文字，如果勾选该选项，纸样不会挡住文字；反之，文字会被纸样挡住。这个选项可根据需要选择。

【显示折叠纸样的折叠边】：勾选后，纸样的折叠边会显示出来。

【仅改变当前纸样的重叠状态】：这个选项可根据自己的习惯选择。勾选，在排料时，后放的纸样如果与已放好的纸样重叠，则显示该纸样为蓝色空心状，原有纸样仍然为填充状；不勾选，在排料时，后放的纸样如果与已放好的纸样重叠，则显示该纸样为蓝色空心状，原有纸样变为红色空心状。

【按比例显示唛架文字和纸样文字】：勾选后，唛架文字和纸样文字根据纸样按比例显示，不勾选则按照字的实际大小显示。

【显示幅宽用料线】：勾选则显示幅宽用料线。

【套号用字母表示】：勾选时套号用字母表示，不勾选则用数字表示。

【显示前一次的用料线】：勾选后，排料时排完第一次料后，单击【保存】，再排第二次料时，就可以看到第一次排料的唛架长度线并改变颜色，可以与第二次排料的唛架长度线对比哪一次排料更好。

【用线段线显示省，褶】：勾选后，省和褶就会用线段显示；不勾选，省就只会显示打孔位和省位，没有省线。

⑤【辅助线显示为】：可根据自己的需要将辅助线显示为"实线""虚线""点线""点划线""原线型"。

⑥【状态栏主项】：单击文本框旁边的三角按钮，会出现多个选项，可根据需要勾选，在状态栏显示出来。

【参数设定】→【绘图打印】选项卡说明（图2-210）。

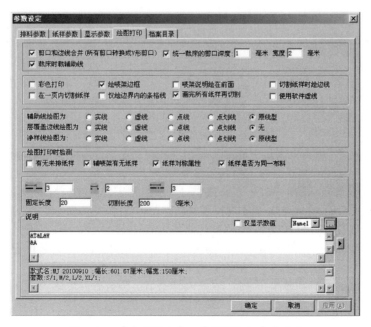

图2-210　【参数设定】→【绘图打印】选项卡

①【剪口和边线合并（所有剪口转换成 V 形剪口）】：如果是格柏裁床，该选项是否选上，都会自动合并；其他裁床会根据选项进行是否合并。

②【裁床时裁辅助线】：勾选，唛架接裁床时设定切割的辅助线为裁剪。

③【统一裁床的剪口深度、宽度】：勾选时，所有剪口的宽度和深度会被设为指定值。如果是格柏裁床，剪口的宽度小于其本身的深度，则剪口的宽度会自动修改为其本身的深度值。裁床结束时，所有纸样原始的剪口数据不变。

④【彩色打印】：勾选，可进行彩色打印。

⑤【绘唛架边框】：勾选，可按唛架的长和宽绘出唛架边框。

⑥【唛架说明绘在前面】：勾选，可将唛架的说明写在前面，反之则在绘完唛架后再写出说明。

⑦【切割纸样时绘边线】：勾选，切割机切割纸样时会把边线绘下来；不勾选，切割时就按边线切割，不再绘出边线。

⑧【在一页内切割纸样】：如果有一个纸样排料时正好排在第一页和第二页中间，勾选后，绘图时则不会把排在第一页的一半纸样绘出来，而是将整个纸样往后排到第二页再绘出来。

⑨【仅绘边界内的条格线】：勾选，会绘出纸样边界内的条格线。

⑩【画完所有纸样再切割】：勾选，先绘出纸样的线，再切割纸样。

⑪【使用软件虚线】：勾选，如果绘图仪本身不能画虚线，就用软件先给纸样画好虚线，绘图时就能绘出虚线。

⑫【辅助线绘图为】：可根据自己的需要将辅助线绘为【实线】、【虚线】、【点线】、【点划线】或【原线型】。

⑬【层覆盖边线绘图为】：可根据自己的需要将层覆盖边线绘成【实线】、【虚线】、【点线】、【点划线】或【无】。

⑭【净样线绘图为】：可根据自己的需要将净样线绘为【实线】、【虚线】、【点线】、【点划线】或【原线型】。

⑮【绘图打印时检测】：【有无未排纸样】、【辅唛架有无纸样】、【纸样对称属性】、【纸样是否为同一布料】四个选项，可按需勾选。勾选后，绘图打印前会自动检测提示可否打印。

⑯【虚线间隔】："▬▬"设定虚线长度，"▬"设定点线长度，"▬"设定点划线长度。

⑰【固定长度】：固定段保证切割更准确，一般选用虚线、点线、点划线等几种方式固定，可以设定这段线所需长度。

⑱【切割长度】：设定每切割一次的长度。

⑲【说明】：单击文本框旁的三角按钮可在弹出的下拉列表中选择说明内容，该内容将在唛架头或唛架尾打印或绘制。需要特殊说明的是该栏还可编辑文本，进行换行、删除、直接输入文字等，在下面预览栏内可看到结果（图 2-211）。

【参数设定】→【档案目录】选项卡说明（图 2-212）。

①【设定档案存储目录】：勾选，可将所有文件保存到指定目录内，不会由于操作不当找不到文件。选用本项后，纸样就不能再存到其他目录中，系统会提示一定要保存到指定目录内，这时只有选择指定目录才能保存。

②【存盘时同时备份】：勾选，在手动存盘时，同时在指定路径下再备份。备份的文件只存储最后一次保存的内容，每次备份都会替换前一次备份的文件。

图 2-211 唛架说明

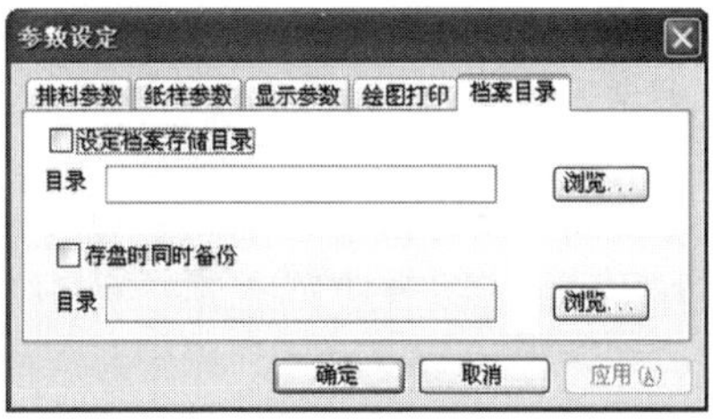

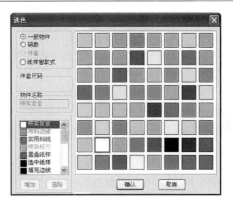

图 2-212 【参数设定】→
【档案目录】对话框

17.【颜色设定】工具 ⚙

单击该工具或单击【选项】菜单→【颜色】，弹出【选色】对话框。

【选色】对话框参数说明（图 2-213）。

①为一般物件选择颜色：可选【一般物件】，在【物件名称】下的滑块选框中拖动滑块，并单击选中某一物件；单击颜色块，为该物件选中一种颜色；单击【确认】按钮即可完成设置。

②为尺码选择颜色：勾选【码数】，拖动滑块，并单击选中某一名称，选中名称将显示在【物件名称】文本框中；如果该框内没有所需的名称，可单击【增加】，【物件名称】文本框内即增加一个选项，用键盘输入尺码名称；单击颜色块，为该尺码选中一种颜色；单击【确认】按钮即可完成设置。

图 2-213 【选色】对话框

③定义件套名称和颜色：勾选【码数】，在【物件名称】文本框内输入尺码名称，也可以拖动滑块，并单击选中某一号码。勾选【件套】，在【物件名称】文本框内输入件套名称，单击【增加】；单击颜色块，为该件套选中一种颜色，单击【增加】；在调色板中为第二件套选色，直至为所有件套选好色；单击【确认】按钮。

④改变纸样窗的颜色：勾选【纸样窗款式】，单击【增加】；单击颜色块，选中一种颜色，单击【确认】；要改成其他颜色，直接再单击其他颜色，新的颜色就会代替旧的颜色。

注：双击任一色块可弹出更多颜色，在此可以进行自定义颜色。

18.【定义唛架】工具 🖼

单击该工具或单击【唛架】菜单→【定义唛架】，弹出【唛架设定】对话框，在对话框内可以对唛架进行设定。

【唛架设定】对话框参数说明（图2-214）。

①【说明】：用来填写唛架说明文字，输入资料后，在【参数设定】里的【绘图打印】的【说明】文本框旁边的三角按钮里勾选【唛架说明】，打印时就可以将唛架说明打印出来。

②【选取唛架】：勾选后，可在【说明】下方的【宽度】、【长度】里选择一个参考唛架的大小。

③【宽度】：设定唛架的宽度，即面料的幅宽。

④【长度】：设定唛架的长度，即面料的幅长。

⑤【层数】：拉料的层数。

⑥【料面模式】：可选"单向"或"相对"，选"相对"时旁边的

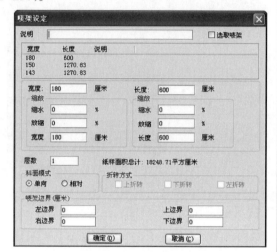

图2-214 【唛架设定】对话框

【折转方式】会变成可选模式，可按需要选择上、下、左三个转折方向。

⑦【唛架边界】：实际面料有时边不齐，有些用不到，就要在此设定边界。

19.【字体设定】工具 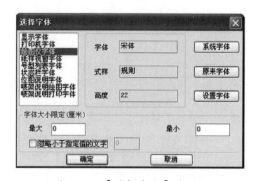（见右上角图标）

（1）单击该工具或单击【选项】菜单→【字体】。

（2）弹出【选择字体】对话框（图2-215）。

（3）在选框里选择要设置字体的选项。

（4）单击【设置字体】弹出字体对话框，设置好所需的字体，单击【确定】。

（5）可在【字体大小限定（厘米）】里限定字体的大小。

（6）勾选【忽略小于指定值的文字】，设定大小。

图2-215 【选择字体】对话框

（7）单击【确定】即可。

（8）如果单击【系统字体】，系统会选择默认的"宋体""规则""9号"。

注：【绘图仪字体】指用绘图仪绘图时布纹线上下信息的字体；【唛架说明绘图字体】指用绘图仪绘图时唛架头或尾显示的幅长、幅宽、套数等的字体。

20.【参考唛架】工具

（1）单击该工具或单击【唛架】菜单→【参考唛架】，弹出【参考唛架】对话框。

（2）单击对话框中的"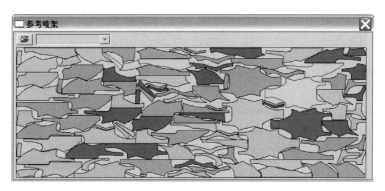"图标，弹出【开启唛架文档】对话框。

（3）在对话框里选择打开要参考的唛架，可用来参考排列（图2-216）。

图2-216　【参考唛架】对话框

21.【纸样窗】工具 📰

该工具图标凹陷时，打开纸样窗；该工具图标凸起时，关闭纸样窗。

22.【尺码列表框】工具 📰

该工具图标凹陷时，打开尺码表；该工具图标凸起时，关闭尺码表。

> 注：只有纸样窗口打开时该图标才能被激活。

23.【纸样资料】工具 📰

（1）单击号型表中纸样的某一号型。

（2）单击该工具或单击【纸样】菜单→【纸样资料】。

（3）默认显示该选项卡，该项中有开样或放码系统中已定义好的纸样信息，查看这些内容，并可根据情况在排料前进行修改，排料将会按照修改的信息进行。

（4）单击【采用】，该项内容被确认，单击【关闭】。

> 注：不关闭该对话框，也可以在纸样窗或尺码表中选择下一个将要做改变的纸样或尺码；该选项卡只对所选纸样的所选号型的信息有效。

【纸样资料】选项参数说明（图2-217）。

①【定单号】、【款式名称】、【号型名称】、【款式布料】：这四项在打样或放码系统的款式资料和纸样资料中已经设定，如果没有，可在载入时的【纸样制单】对话框中输入或修改，在本对话框内不能修改。

②【纸样名称】、【纸样代码】、【纸样说明】：这三项在打样或放码系统的款式资料和纸样资料中已经设定，可在载入时的【纸样制单】对话框中输入或修改，或在本对话框中修改。

③【面积】：指纸样的面积。

④【周长】：指纸样的周长。

⑤【虚位】：排料时，两个纸样需要有间隔时，可以在此用虚位来设置。【矩形虚位】一般用来做绣花裁片。

⑥【纸样数量】：指该纸样该号型的纸样数量。可以改变其数量，按【采用】键后尺码表中显示新数量。

⑦【层数】：指铺布的层数，该参数可用【定义唛架】进行设定或修改。

⑧【剩余数】：指所选的某一号型纸样未排到唛架上的纸样数量。

⑨【纸样属性】：用来

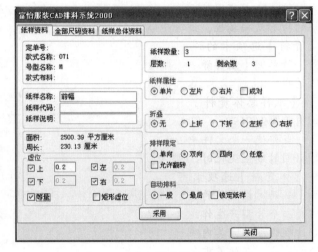

图2-217 【纸样资料】选项参数

定义纸样是"单片""左片""右片""成对"，以及折叠方式。如果相同纸样的数目是"2"，并且定义为"成对"，那么将得到左、右各一片的纸样，选择"左片"表示当前纸样为左片，另一片为右片；如果相同纸样的数目是"2"，但"成对"无效（不勾选），那么将得到两片一样的纸样。

⑩【折叠】：勾选"上折"或"下折"时，选项指定纸样能被向上或向下折叠；当对圆桶唛架进行排料时，有些纸样可沿唛架左边缘或右边缘折叠。而勾选"左折"或"右折"时，选项指定纸样能被向左或向右折叠。

⑪【排样限定】：在排样过程中，为了得到较高的布料利用率而旋转纸样，以获得纸样在唛架上的最佳放置方式。可以选择"任意"选项，表示该纸样可以任意旋转。该项一般不勾选，因为一般纸样都要考虑纱向。还可以勾选"允许翻转"选项，表示该纸样在排料的过程中可以进行翻转。但有些情况并不希望旋转纸样，如该纸样所用的布料有倒顺毛，不能改变方向，或者有严格的对格、对条的需要，这时可为纸样选择"单向"限定，固定该纸样的方向。当指定"双向"旋转时，纸样可按180°的增量旋转；指定"四向"旋转时，纸样可按90°的增量旋转。

⑫【自动排料】："一般"指在自动排料时按【排料】→【自动排料设定】中的优先次序设定排放；"最后"指在自动排料时将所选纸样最后放置在唛架上；"锁定纸样"指在自动排料时，所选纸样将不被排放在唛架上。

【全部尺码资料】选项参数说明（图2-218）。

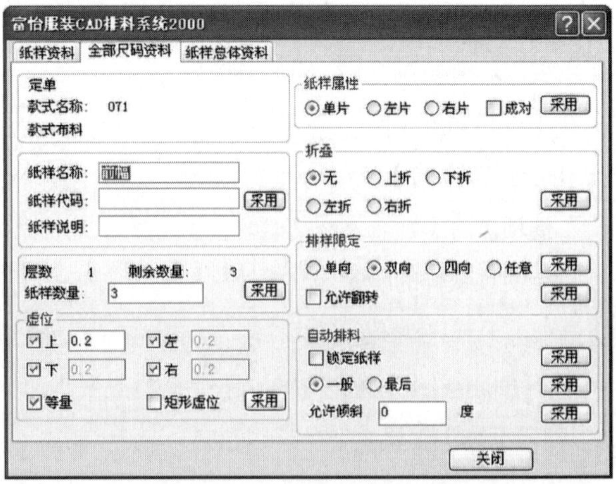

图2-218 【全部尺码资料】选项参数

该选项卡可同时设置所选纸样的所有尺码属性，该项与【纸样资料】选项卡的许多选项相同，请参阅【纸样资料】选项卡的说明。

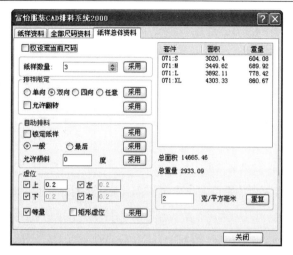

图 2-219　【纸样总体资料】选项参数

【纸样总体资料】选项参数说明（图 2-219）。

当要使一个文件中所有纸样数据同时发生变化时，可在【纸样总体资料】选项卡中输入数据，从而对该文件的每一个纸样的每一个号型产生作用。与前两个选项卡相比，其内容有许多相似的地方，在此着重介绍以下几个不同选项：

①【仅设定当前尺码】：勾选该选项有效，在尺码列表框中选择一个号型，再回到该选项卡中编辑，按【采用】键后，仅是对所选号型的所有纸样产生作用。例如，先勾选【仅设定当前尺码】选项，再单击任意一个纸样的任意一个号型，然后在【纸样总体资料】选项卡中的【纸样数量】中把数量变成"2"，则会看到当前号型的所有纸样的纸样份数都变成"2"。

②【克/平方毫米】：用该选项定义布料重量，从而计算出按照所有号型的纸样剪裁下来的布料的总重量。如输入不同数值，再选择【重算】命令将重新计算出上面信息栏中的数值。在【纸样数量】、【排样限定】和【自动排料】中每编辑完一项，按一次【采用】键。

③【关闭】：完成所有设置后按【关闭】按钮关闭该选项卡。

24.【旋转纸样】工具

（1）单击【纸样窗】选择需要旋转的纸样。

（2）单击该工具或单击【纸样】菜单→【旋转纸样】，弹出【旋转唛架纸样】对话框。

（3）若要旋转并复制纸样，选中【纸样复制】。

（4）在【旋转角度（度）】框中输入要旋转的角度值。

（5）在【旋转方向】栏下选择"顺时针旋转"或"逆时针旋转"选项。

（6）若要使该纸样的所有尺码纸样都旋转，则选中【所有尺码】选项。否则只使所选纸样的一个尺码的纸样旋转。

（7）单击【确定】，完成纸样的旋转（图 2-220）。

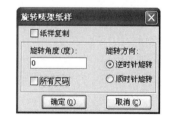

图 2-220　【选择唛架纸样】对话框

25.【翻转纸样】工具

（1）在尺码列表栏内单击需要翻转的纸样。

（2）单击该工具或单击【纸样】菜单→【翻转纸样】，弹出【翻转纸样】对话框。

（3）若要复制纸样，选中【纸样复制】。

（4）在【翻转方向】属性栏中有"上下翻转"和"左右翻转"两个选项，选择一个所需选项。

图2-221 【翻转纸样】对话框

（5）若要使该纸样的所有尺码纸样都翻转，则选中"所有尺码"选项。

（6）单击【确定】即可（图2-221）。

26.【分割纸样】工具

（1）在【纸样窗】内选择需要分割的纸样。

（2）单击该工具或单击【纸样】菜单→【分割纸样】，弹出【剪开复制纸样】对话框。

（3）选择"水平剪开"或"垂直剪开"。

（4）若要把纸样不等量剪开，不勾选【对半剪开】选项，使纸样可以自由选择剪开的位置。

（5）用鼠标单击右边纸样上要分割的位置，红色"+"光标会定在鼠标单击的位置，同时【剪开线位置】的"X""Y"中也会显示出分割的位置；也可以在【剪开线位置】的"X""Y"中，输入具体的数值来确定剪开线的位置。

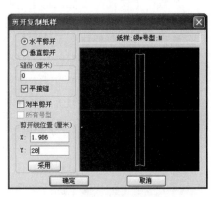

（6）在【缝份】文本框中输入缝份量。

（7）若要把纸样等量对半剪开，可勾选【对半剪开】选项。

（8）单击【确定】，完成剪开纸样（图2-222）。

27.【删除纸样】工具

（1）选择要删除的纸样。

（2）单击该工具或单击【纸样】菜单→【删除纸样】，弹出对话框（图2-223）。

图2-222 【剪开复制纸样】对话框

图2-223 【删除纸样】对话框

（3）单击【是】可以删除这个纸样所有尺码的全部纸样。

（4）单击【否】则只删除当前选择尺码的纸样。

（六）富怡服装CAD纸样排料系统对格对条排料

对条格前，首先需要在对条格的位置打上剪口或钻孔标记。如图2-224所示，要求前、后幅的腰线对位在垂直方向，袋盖上的钻孔对位在前左幅下边的钻孔上。

（1）单击【新建】工具，根据对话框提示,【新建一个唛架】→【浏览】→【打开】→【载入一个文件】。

（2）单击【选项】，勾选【对格对条】。

（3）单击【选项】，勾选【显示条格】。

（4）单击【唛架】→【定义对格对条】，弹出对话框（图2-225）。

（5）单击【布料条格】，弹出【条格设定】对话框，根据面料情况进行条格参数设定；设定好后按【确定】，结束回到初始对话框（图2-226）。

（6）单击【对格标记】，弹出【对格标记】对话框（图2-227）。

（7）在【对格标记】对话框内单击【增加】，弹出【增加对格标记】对话框（图2-228），在【名称】框内设置一个名称，如"a"对腰位，单击【确定】回到母对话框，继续单击【增加】，设置"b"对袋位，设置完之后单击【关闭】，回到【对格对条】对话框。

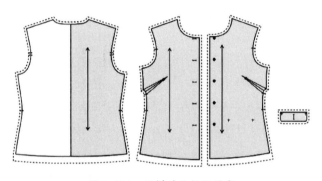

图2-224　纸样对位标记设定

图2-225　【对格对条】对话框

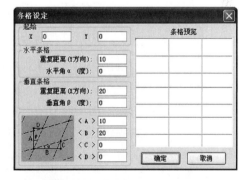

图2-226　【条格设定】对话框

图2-227　【对格标记】对话框

图2-228　【增加对格标记】对话框

（8）在【对格对条】对话框内单击【上一个】或【下一个】，直至选中对格对条的标记剪口或钻孔，如前左幅的剪口"3"，在【对格标记】中勾选【设对格标记】并在下拉菜单下选择标记"a"，单击【采用】按钮（图2-229）。继续单击【上一个】或【下一个】按钮，选择标记"11"，用相同的方法，在下拉菜单下选择标记"b"并单击【采用】。

（9）选中后幅，用相同的方法选中腰位上的对位标记，选中对位标记"a"，并单击【采用】，同样对袋盖进行设置（图2-230）。

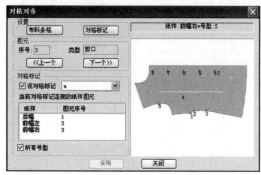
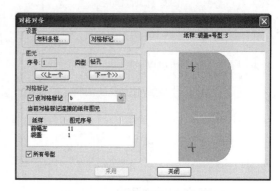

图2-229　对格对条设定（前幅）　　　　　图2-230　对格对条设定（袋盖）

（10）单击并拖动纸样窗中要对格对条的样片，到唛架上释放鼠标。由于对格标记中没有勾选"设定位置"，后面放在工作区的纸样是根据先前放在唛区的纸样对位的（图2-231）。

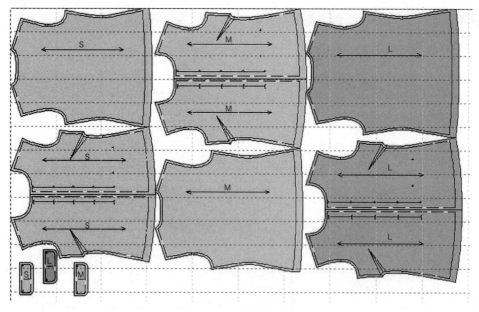

图2-231　对格对条排料

第三章　富怡服装CAD纸样设计

第一节　富怡服装CAD纸样设计初步

以基本型女裙装为例，初步介绍使用富怡服装CAD软件【显示】中【号型编辑】、【智能笔】、【计算器】、【等分规】、【调整】、【比较长度】、【剪刀】、【加缝份】、【剪口】等工具完成纸样设计步骤、方法和技巧。

一、基本型女裙装款式特点

基本型女裙装外绱腰头，直身型，裙长至膝，前、后腰口各收四个省，右侧缝上端装隐形拉链，如图3-1所示。基本型女裙装可作为女裙装纸样设计的基础纸样，在运用服装CAD软件完成服装纸样设计中具有快速、易用等特点，也是现代数字化服装纸样设计常用的工作方法。

二、基本型女裙装号型规格设计

以M码女下装号型160/68A为基本型女裙装纸样设计基码，具体部位规格尺寸见表3-1。

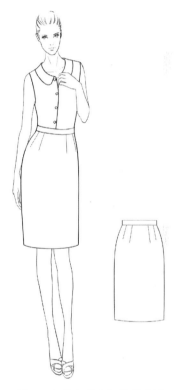

图 3-1　基本型女裙装款式图

表3-1　基本型女裙装号型规格　　　　　　单位：cm

部位	裙长	臀围	腰围	腰长
S	58	86	64	17.5
M	60	90	68	18
L	62	94	72	18.5
档差	2	4	4	0.5

三、基本型女裙装结构设计图

基本型女裙装结构设计采用比例法半身结构制图方式（图3-2）。

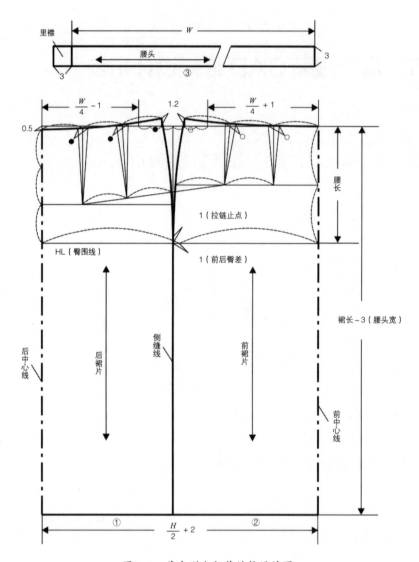

图3-2　基本型女裙装结构设计图

四、富怡服装CAD纸样号型编辑

（1）进入"富怡设计与放码CAD系统"工作界面，单击【文档】菜单→【新建】（图3-3）。

图3-3 "富怡设计与放码CAD系统"工作界面

（2）选择【号型】菜单→【号型编辑】，弹出【设置号型规格表】对话框（图3-4），完成号型规格参数输入，设定M码为基本型女裙装纸样设计基码，完成【存储】，单击【确定】。

> 注：【设置号型规格表】中S码、L码规格数据可通过指定【组内档差】方式完成设置。

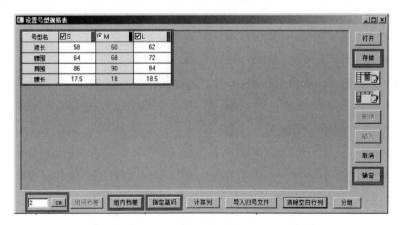

图3-4 富怡设计与放码CAD系统设置号型规格表

五、富怡服装CAD纸样基本工具应用

（1）使用设计工具栏【智能笔】工具 （此处为行内小图标）完成基本型女裙装纸样的矩形框架结构设计，可通过【矩形】对话框中的【计算器】完成"裙长""半臀围"数据输入，单击【确定】（图3-5）。

> 注：【计算器】对话框中已预存基本型女裙装各部位号型规格，可使用鼠标双击相关部位名称，如对话框中"裙长""臀围"等，完成数据输入或公式计算。

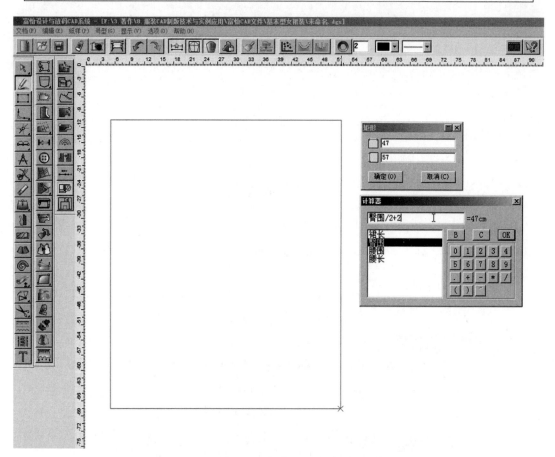

图3-5 基本型女裙装纸样的矩形框架结构设计

（2）将【智能笔】工具放置基本型女裙装纸样矩形框架右边线，通过键盘在【智能笔】工具光标右下角红色数据框内" D=18 "直接输入腰长数据，单击鼠标左键完成臀围线定位，如图3-6（1）所示。

将【智能笔】工具切换到水平／垂直状态" "，做水平横线，完成臀围水平线绘制，如图3-6（2）所示。

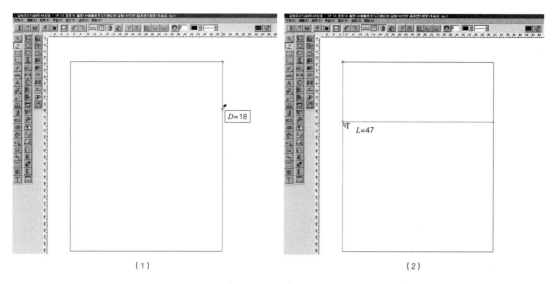

図 3-6 基本型女裙装纸样臀围线设计

（3）使用设计工具栏【等分规】工具 ，在快捷工具栏【等分数】中输入"2"，做臀围线二等分，如图3-7（1）所示。

使用键盘【Shift】键切换【等分规】工具为反向等分状态" "，做臀围中点的两侧等分，在弹出【线上反向等分点】输入单向长度"1"，单击【确定】，如图3-7（2）所示。

使用【智能笔】工具 过左侧等分点做垂线至基本型女裙装纸样框架上平线（腰围基准线），如图3-7（3）所示。

按住键盘【Alt】键，使用【智能笔】工具 框选垂线延长至基本型女裙装纸样框架下平线（裙摆围基准线），完成基本型女裙装纸样侧缝基准线，如图3-7（4）所示。

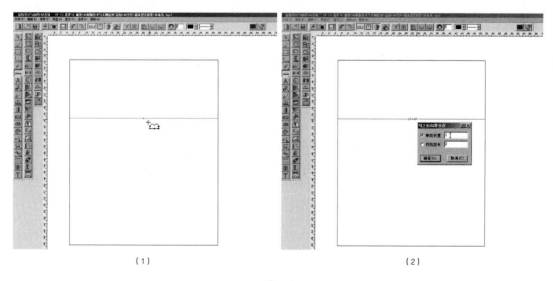

図 3-7

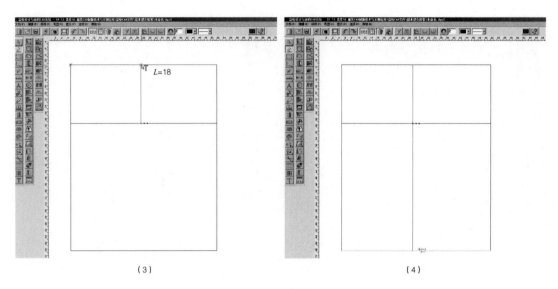

（3）　　　　　　　　　　　　　　　　　　　（4）

图 3-7　基本型女裙装纸样侧缝基准线设计

（4）使用【智能笔】工具 ✏ 单击基本型女裙装纸样框架上平线（起始点在上平线右侧），弹出【点的位置】对话框，使用【计算器】输入"$\dfrac{腰围}{4}+1$"，单击【OK】、【确定】，双击鼠标右键，完成前裙片腰围点位设定，如图 3-8（1）所示。

同样操作完成后裙片腰围点位设定，如图 3-8（2）所示。

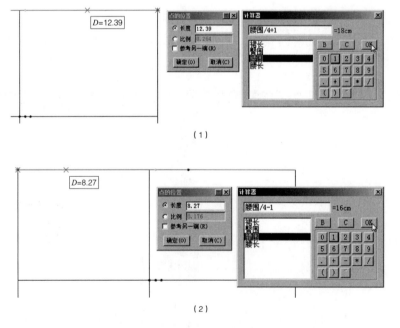

（1）

（2）

图 3-8　基本型女裙装纸样前、后裙片腰围点位设定

（5）选择【等分规】工具 ▦，使用键盘【Shift】键切换【等分规】工具为正向等分状态

" ⁺⚏ "，在快捷工具栏【等分数】中 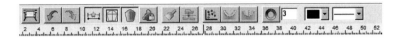 输入 "3"，将基本型女裙装纸样框架上平线前、后裙片腰围点至侧缝基准线点分别做三等分，如图3-9所示。

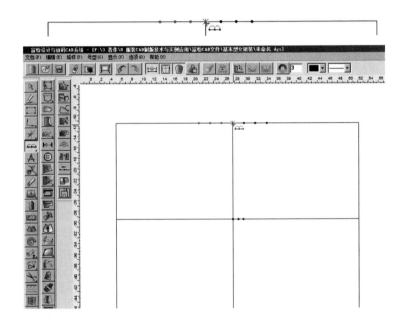

图3-9　前、后裙片腰围点至侧缝基准线点做三等分

（6）选择【智能笔】工具 🖊 ，通过鼠标右键将其切换到水平/垂直状态" 🖊 "，如图3-10所示，做前、后裙片侧缝起翘1.2cm。

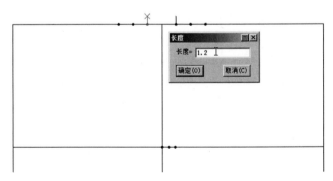

图3-10　做前、后裙片侧缝起翘

（7）选择【智能笔】工具 🖊 ，通过鼠标右键将其切换到斜线/曲线状态" ʃ "连接腰围、侧缝基准线，如图3-11（1）所示。

注：后裙片腰围中点下落0.5cm，可通过键盘在【智能笔】工具光标红色数值框内 " [D=0.5] " 直接输入数值完成。

使用【调整】工具 ▨ 将前、后裙片的腰围基准线、侧缝基准线调整为弧线，如图3-11（2）所示。

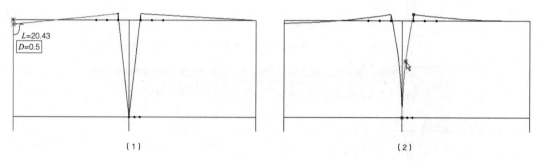

图3-11　前、后裙片腰围弧线、侧缝弧线绘制

（8）选择【等分规】工具 ▨，将其切换至正向等分状态" ⁺ᴮ"，分别做前、后腰长二等分、三等分，如图3-12（1）所示。

使用【智能笔】工具 ▨ 的水平/垂直状态" ᴴᵀᵥₑₑ"，分别做水平线相交于前、后侧缝线，如图3-12（2）所示。

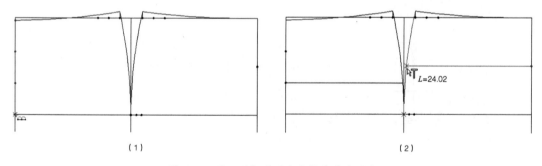

图3-12　前、后裙片腰省省长基准线设定

（9）选择【等分规】工具 ▨，通过键盘【Shift】键将其切换至正向等分状态" ⁺ᴮ"，完成前、后裙片腰围线三等分，如图3-13（1）所示。

使用【智能笔】工具 ▨ 过腰围线两侧三分之一点做垂线至省长基准线，如图3-13（2）所示。

使用【等分规】工具 ▨ 正向等分状态" ⁺ᴮ"，做前裙片省长基准线二等分，如图3-13（3）所示。

使用【智能笔】工具 ▨ 斜线/曲线状态" ⌐ L=17.67㎝"，连接前裙片靠侧缝省位线，并做前裙片靠侧缝省尖点、后裙片靠中线省尖点连接斜线，如图3-13（4）（5）所示。

使用【等分规】工具 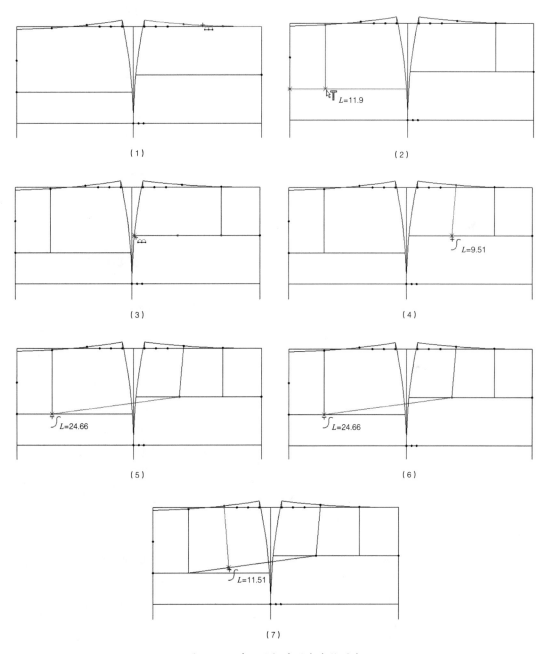 正向等分状态 " ", 做后裙片省长基准斜线二等分, 使用【智能笔】工具 斜线/曲线状态 " ", 接后裙片靠侧缝省位线, 如图3-13（6）（7）所示。

（1）

（2）

（3）

（4）

（5）

（6）

（7）

图3-13　前、后裙片腰省省位设定

（10）使用【比较长度】工具 ，通过键盘【Shift】键切换为测量点区间长度 " ", 如图3-14（1）所示, 完成腰省省量测量。使用【等分规】工具 反向等分状态 " " 完成前裙片省大设定。

使用【智能笔】工具 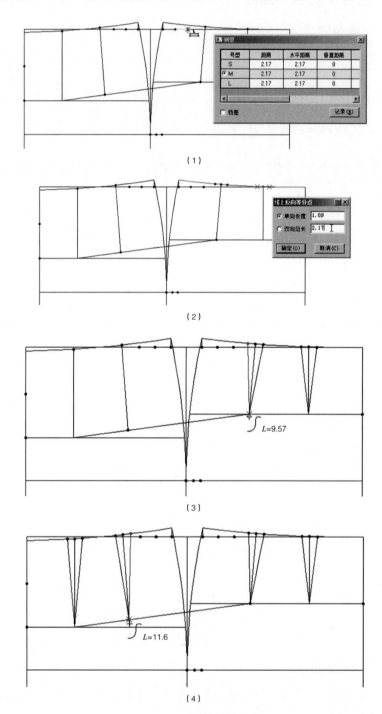 斜线/曲线状态" ", 连接前裙片省边线, 如图3-14(2)
(3) 所示。

后裙片腰省省大测量、省大设定及省边线绘制操作与前裙片相同, 如图3-14(4) 所示。

（1）

（2）

（3）

（4）

图3-14 前、后裙片腰省省大设定

（11）使用【智能笔】工具 ✎ 切换至水平／垂直状态" ⬚T∟... "，做矩形，在弹出【矩形】对话框内依据基本型女裙装腰头规格尺寸输入相关数据，单击【OK】、【确定】，设定腰头搭门3cm，完成腰头纸样设计，如图3-15所示。

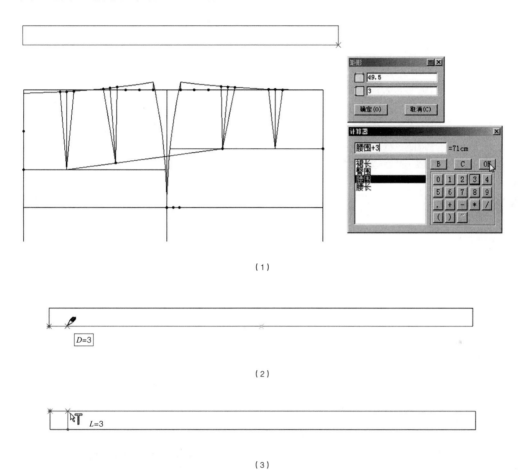

（1）

（2）

（3）

图3-15 基本型女裙装腰头纸样设计

六、富怡服装CAD纸样提取

（1）选择设计工具栏【剪刀】工具 ✂ ，鼠标左键依次单击后裙片轮廓线，完成后裙片纸样轮廓提取，如图3-16（1）所示。

单击鼠标右键，将【剪刀】工具 ✂ 切换为提取内部线" ⁺↳ "，依次完成后裙片腰省、臀围等内部结构线段的提取，如图3-16（2）所示。

单击鼠标右键，或鼠标双击纸样栏存放的裙片纸样，弹出【纸样资料】对话框，完成纸样资料信息输入，单击【应用】，然后单击【关闭】，如图3-16（3）所示。

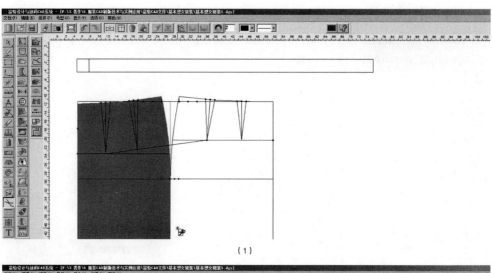

（1）

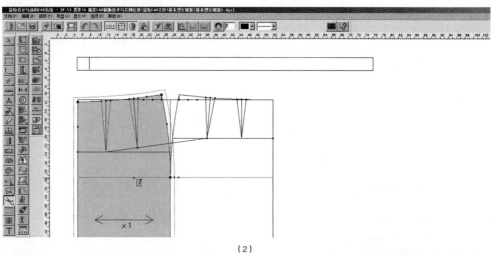

（2）

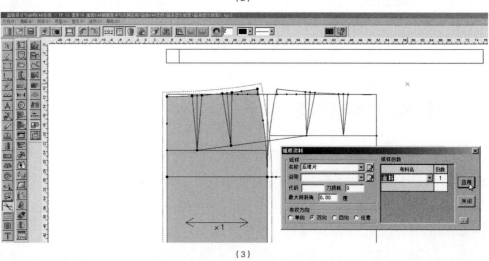

（3）

图3-16　基本型女裙装纸样提取

（2）选择纸样工具栏【布纹线】工具 ，单击鼠标右键调整布纹线方向，如图3-17所示。

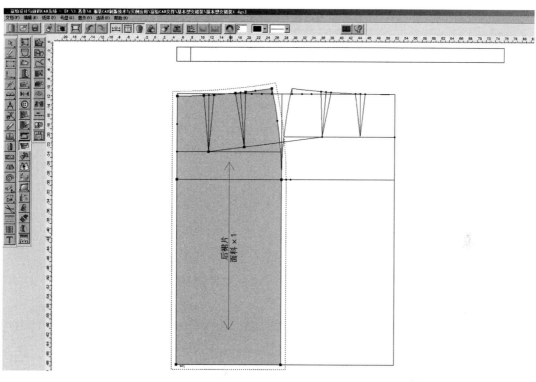

图3-17　调整布纹线方向

（3）选择纸样工具栏【加缝份】工具 ，单击纸样加缝份线段，弹出【加缝份】对话框，选择缝份类型，输入加缝份量，如图3-18所示。

> 注：富怡服装CAD默认缝份量为1cm，如局部不需要加缝份，可在弹出【加缝份】对话框内将数值输入"0"。

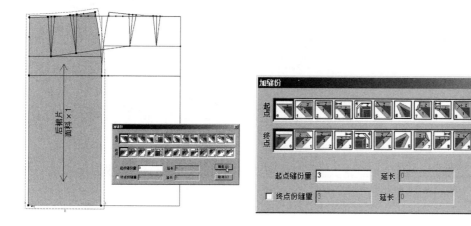

图3-18　加缝份

（4）选择纸样工具栏【纸样对称】工具 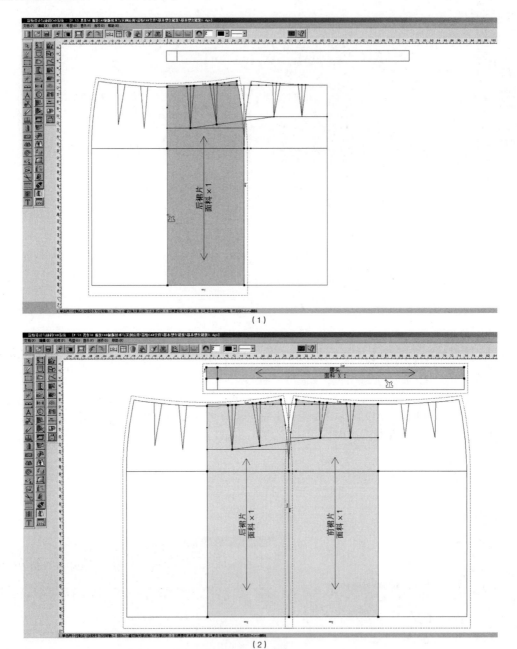 ，鼠标单击纸样对称轴，完成纸样对称翻折，形成完整纸样，如图3-19（1）所示。

同上操作，完成基本型女裙装前裙片、腰头纸样提取、缝份加放、布纹线调整和纸样对称翻折操作，如图3-19（2）所示。

（1）

（2）

图3-19　纸样对称设定

（5）选择纸样工具栏【剪口】工具 ，单击腰省边线即可完成腰省剪口标记，如图3-20（1）所示。

使用【剪口】工具 单击纸样结构点，可弹出【剪口】对话框，输入基于参考点位的距离参数，单击【应用】、【关闭】即可，如图3-20（2）所示。

通过键盘【Shift】键可完成点、线剪口" "与拐角剪口" "状态切换，完成裙摆拐角剪口标记，如图3-20（3）所示。

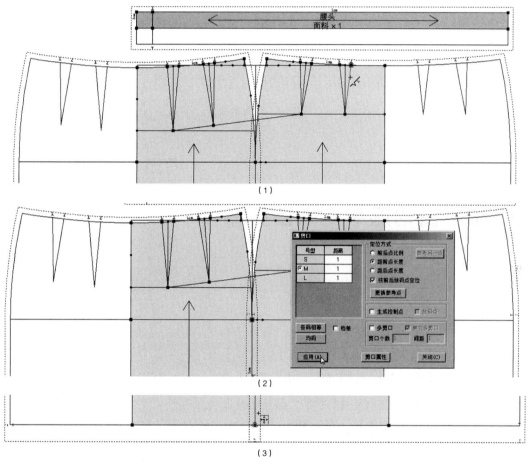

图3-20　纸样剪口标记设定

（6）在工作界面空白处单击鼠标右键，弹出【右键工具栏】活动面板，选择【移动纸样】工具，如图3-21（1）所示。选择移动目标纸样，鼠标左键移出纸样，摆放纸样位置，如图3-21（2）所示。

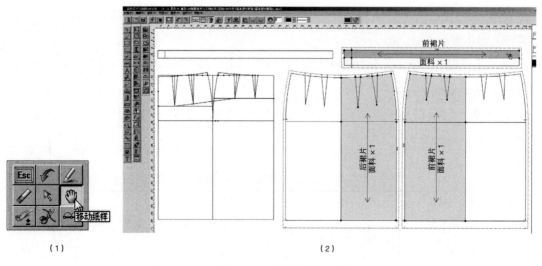

（1）　　　　　　　　　　　　　　　（2）

图3-21　纸样移动

第二节　富怡服装CAD纸样设计进阶

以修身型女衬衫为例，进一步介绍使用富怡服装CAD软件中【角度线】【圆规】【剪断线】【橡皮擦】、【收省】【转省】【旋转】【对称】【移动】【接】【做衬】【眼位】【钻孔】【比拼行走】【水平/垂直翻转】、【分割纸样】【合并纸样】【合并调整】【水平/垂直校正】等工具完成纸样设计步骤、方法和技巧。

一、修身型女衬衫款式特点

修身型女衬衫衣身为修身造型，衣长过臀至臀底沟，圆形衣摆，前、后衣身收腰省，前衣身加过肩，后衣身设肩育克分割，连翻领领型，袖山造型合体，袖身为直筒型，袖口接袖克夫，后袖口加绲边开衩，如图3-22所

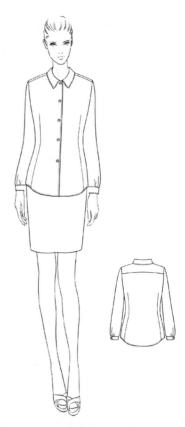

图3-22　修身型女衬衫款式图

示。修身型女衬衫是女装典型款式，在运用基本型女上装纸样完成典型女装、创意型女装纸样设计中具有快速、易用、准确及通用性等特点，也是现代数字化服装纸样设计常用的工作方法。

二、修身型女衬衫号型规格设计

以M码女上装号型160/84A为修身型女衬衫纸样设计基码，具体部位规格尺寸见表3-2。

表3-2　修身型女衬衫号型规格　　　　　　　　　　　　单位：cm

部位	衣长	胸围	腰围	臀围	背长	腰长	臂长
S	62	82	64	86	37	17.5	49
M	64	84	68	90	38	18	50.5
L	66	88	72	94	39	18.5	52
档差	2	4	4	4	1	0.5	1.5

三、修身型女衬衫结构设计图

基本型女上装衣身结构设计采用比例法半身结构制图方式（图3-23），修身型女衬衫结构设计采用基型法半身结构制图方式（图3-24~图3-27）。

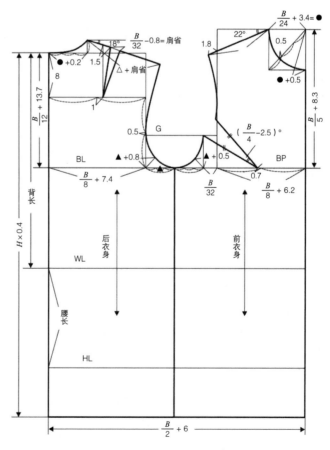

图3-23　基本型女上装衣身结构设计

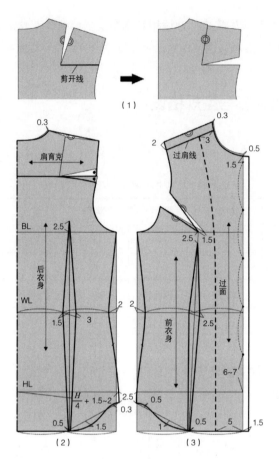

图 3-24　修身型女衬衫衣身结构设计

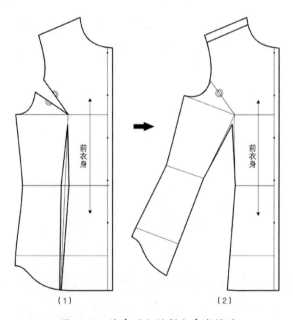

图 3-25　修身型女衬衫衣身省转移

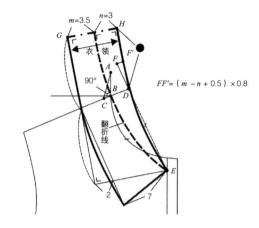

$$FF' = (m - n + 0.5) \times 0.8$$

图 3-26　修身型女衬衫衣领结构设计

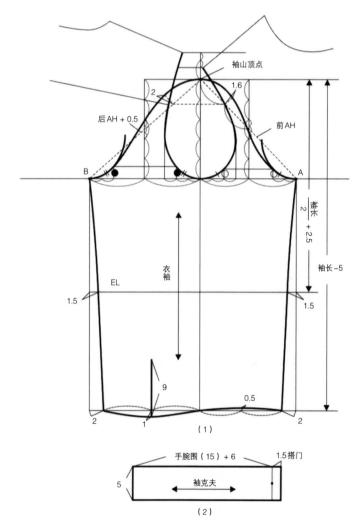

图 3-27　修身型女衬衫衣袖结构设计

四、富怡服装CAD纸样号型编辑

（1）进入"富怡设计与放码CAD系统"工作界面，单击【文档】菜单→【新建】（图3-28）。

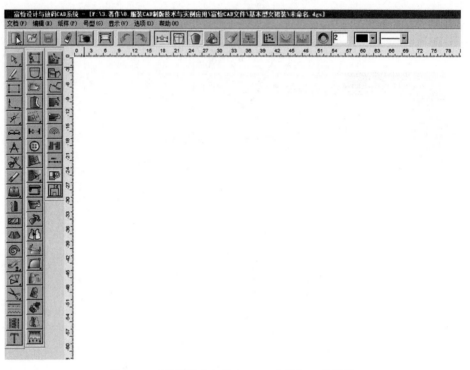

图3-28 "富怡设计与放码CAD系统"工作界面

（2）选择【号型】菜单→【号型编辑】，弹出【设置号型规格表】对话框（图3-29），完成号型规格参数输入，设定M码为修身型女衬衫纸样设计基码，完成【存储】，单击【确定】。

> 注：【设置号型规格表】中S码、L码规格数据可通过指定【组内档差】方式完成设置。

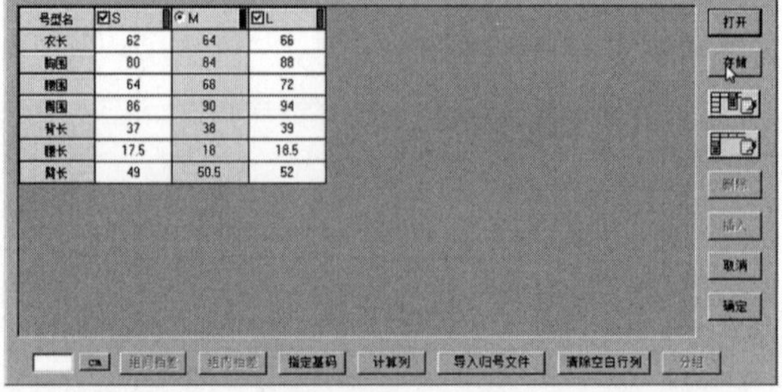

图3-29 富怡设计与放码CAD系统设置号型规格表

五、富怡服装CAD纸样进阶工具应用

（一）基本型女上装纸样设计

（1）使用设计工具栏【智能笔】工具 ✐ 完成基本型女上装纸样框架结构设计（图3-30）。

> 注：可充分利用【智能笔】工具的"平行线"功能完成胸围线、腰围线、臀围线等结构辅助线绘制。

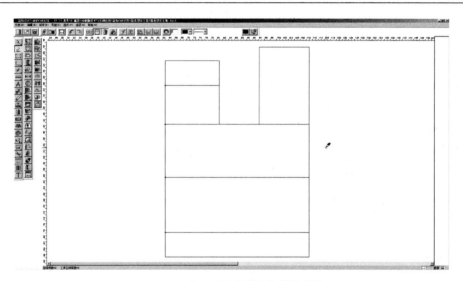

图3-30 基本型女上装框架结构设计

（2）参考图3-23基本型女上装衣身结构设计，使用设计工具栏【智能笔】工具 ✐ 、【等分规】工具 🚗 完成基本型女上装前、后领口结构辅助线绘制（图3-31）。

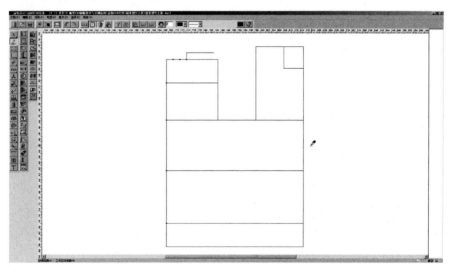

图3-31 基本型女上装前、后领口结构辅助线绘制

（3）使用设计工具栏【角度线】工具 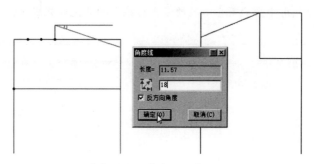，以前、后肩颈点为原点，以衣身框架上平线为基准线，完成前、后肩斜线绘制，通过弹出【角度线】对话框输入肩斜角度（图3-32）。

> 注：【角度线】对话框内有"反方向角度"选项，可充分利用其完成角度数值输入。

图3-32　基本型女上装前、后肩斜辅助线绘制

（4）按住键盘【Ctrl】键，使用设计工具栏【智能笔】工具 ，在前肩斜线胸宽线端点单击鼠标右键，弹出【调整曲线长度】对话框，在【长度增减】中输入"1.8"，单击【确定】，完成前肩宽设定（图3-33）。

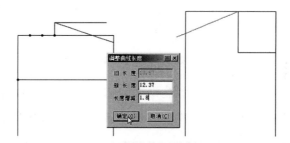

图3-33　基本型女上装前肩宽设定

（5）使用设计工具栏【比较长度】工具 测量线段长度" "，量取前肩宽数值，单击【记录】（图3-34）。

图3-34　测量基本型女上装前肩宽

（6）按住键盘【Ctrl】键，使用设计工具栏【智能笔】工具 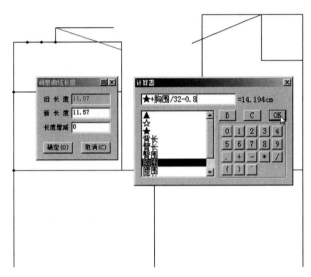 ，在后肩斜线背宽线端点单击鼠标右键，弹出【调整曲线长度】对话框，在【新长度】中通过【计算器】输入"★（标记过的前肩宽）+ $\dfrac{胸围}{32}$ -0.8"，单击【OK】、【确定】，完成后肩宽设定（图3-35）。

图3-35　基本型女上装后肩宽设定

（7）使用设计工具栏【剪断线】工具 ，在胸宽线处将胸围线剪断（图3-36）。

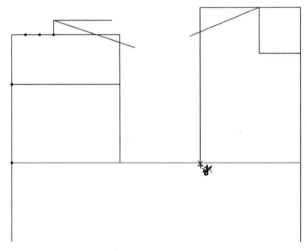

图3-36　胸宽线处剪断胸围线

（8）使用设计工具栏【智能笔】工具 ，单击胸宽线、胸围线交点左侧线段，弹出【点的位置】对话框，通过【计算器】输入" $\dfrac{胸围}{32}$ "，单击【OK】、【确定】，双击鼠标右键，完成点位标记（图3-37）。

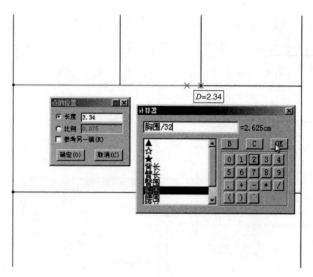

图3-37 完成胸围线点位标记

（9）使用设计工具栏【等分规】工具 正向等分状态" + "，做胸围线标记点至背宽二等分［图3-38（1）］，使用【智能笔】工具 过等分中点做垂线至衣摆，为基本型女上装前、后衣身侧缝线［图3-38（2）］。

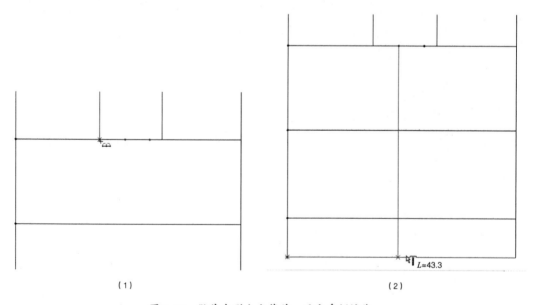

（1）   （2）

图3-38 做基本型女上装前、后衣身侧缝线

（10）使用设计工具栏【等分规】工具 正向等分状态" + "，做背宽线至胸围线二等分，将【等分规】工具 切换为反向等分状态" "，做距等分中点0.5cm两侧等分点，使用设计工具栏【智能笔】工具 过下等分点做水平线至胸宽线，过胸围标记点做垂线至水平线，完成袖窿水平、垂直辅助线绘制（图3-39）。

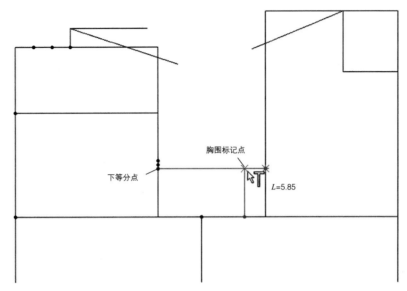

图 3-39 做袖窿水平、垂直辅助线绘制

（11）使用设计工具栏【等分规】工具 ▦ 正向等分状态" +⌣ "，做胸围线前胸宽段二等分，将【等分规】工具 ▦ 切换为反向等分状态" +⌣ "，做距等分中点 0.7cm 两侧等分点，设左侧 0.7cm 点为 BP 点，使用设计工具栏【智能笔】工具 ✐ 连接 BP 点至袖窿水平、垂直辅助线交点，为胸省下边线，如图 3-40（1）所示。

使用设计工具栏【比较长度】工具 ✐ 测量线段长度" ✐ "，完成胸省下边线长度测量并做标记，使用设计工具栏【角度线】工具 ✐ ，设胸省上边线等于下边线、胸省夹角为 $\dfrac{胸围}{4}$ -2.5，完成胸省上边线绘制，如图 3-40（2）所示。

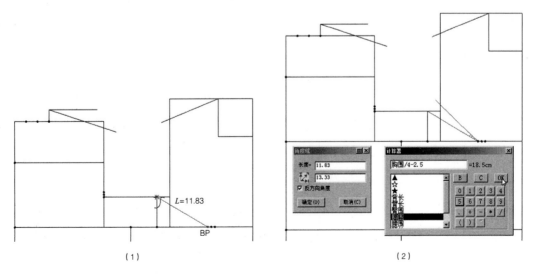

（1）   （2）

图 3-40 做基本型女上装胸省

（12）使用设计工具栏【等分规】工具 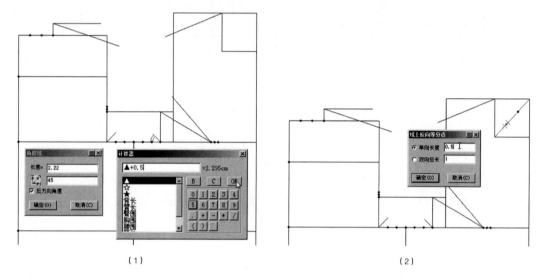 正向等分状态"⌞⌙"，做前、后袖窿底三等分，使用设计工具栏【比较长度】工具 ，测量点区间长度"⌞⌙"，量取其中三分之一宽度并做标记，使用设计工具栏【角度线】工具 ，完成标记宽度+0.5cm前袖窿角度线、标记宽度+0.8cm后袖窿角度线绘制，如图3-41（1）所示。

使用设计工具栏【智能笔】工具 ，做前领口对角线，使用设计工具栏【等分规】工具 正向等分状态"⌞⌙"，做对角线三等分，使用【等分规】工具 ⌞⌙ 反向等分状态"⌞⌙"，做下三分之一点两侧等分0.5cm为前领口弧线位置点，如图3-41（2）所示。

（1）　　　　　　　　　　　　　　　　　（2）

图3-41　做袖窿、领口辅助线

（13）使用设计工具栏【智能笔】工具 斜线/曲线状态"⌞⌙"及【调整】工具 完成领口弧线、袖窿弧线绘制，如图3-42所示。

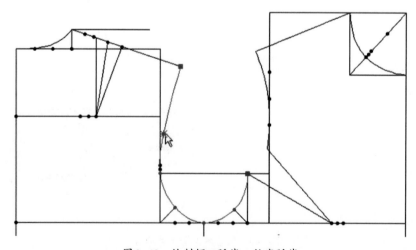

图3-42　绘制领口弧线、袖窿弧线

（14）使用设计工具栏【等分规】工具 ▦ 正向等分状态 " ＋▦ "，做背宽横线二等分，使用【等分规】工具 ▦ 反向等分状态 " ▦ "，做中点两侧等分1cm，使用设计工具栏【智能笔】工具 ▱，做右侧等分点做垂线至后肩斜线，使用【等分规】工具 ▦ 反向等分状态 " ▦ "，做垂点两侧等分1.5cm，使用【智能笔】工具 ▱ 连接背省边线，使用【等分规】工具 ▦ 反向等分状态 " ▦ "，做背省边线点两侧等分$\dfrac{胸围}{32}-0.8cm$为背省省大，使用【智能笔】工具 ▱ 连接背省边线，如图3-43所示。

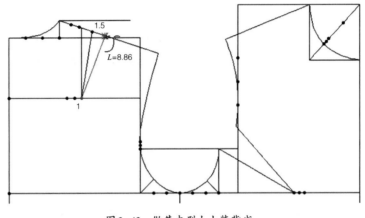

图3-43　做基本型女上装背省

（15）单击【文档】菜单→【保存】，将基本型女上装纸样结构保存为".dgs"格式，以备典型女装及创意女装纸样设计使用，如图3-44所示。

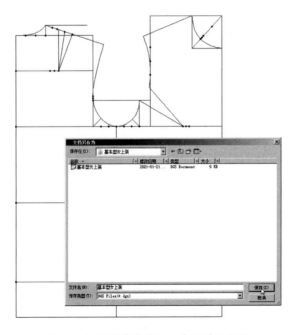

图3-44　保存基本型女上装纸样结构图

（二）修身型女衬衫衣身纸样设计

（1）进入富怡设计与放码系统，单击【文档】菜单→【打开】或直接单击快捷工具栏【打开】，调入已完成基本型女上装纸样结构设计文件（图3-45）。

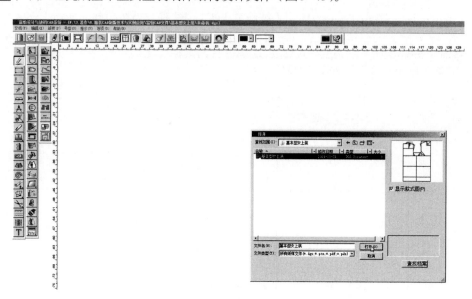

图3-45　调入已完成基本型女上装纸样结构设计文件

（2）使用设计工具栏【移动】工具，通过键盘【Shift】键将其切换为复制状态" ✋²"，鼠标左键框选基本型女上装纸样结构，单击鼠标右键，移出基本型女上装纸样结构，完成复制（图3-46）。

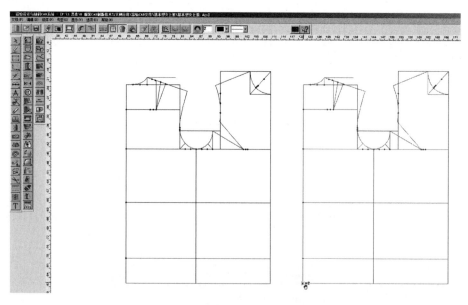

图3-46　复制基本型女上装纸样结构

（3）使用设计工具栏【橡皮擦】工具 ✐ 擦除复制基本型女上装纸样多余辅助线、点（图3-47）。

> 注：擦除局部线段可灵活使用设计工具栏【剪断线】工具 ✄，如肩省线段、前衣身中线的领口深线段。

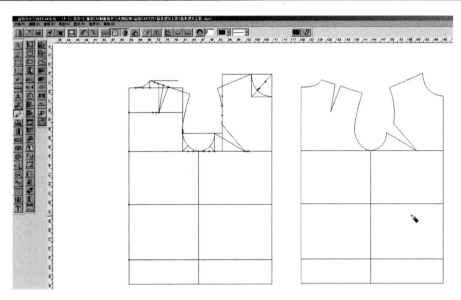

图3-47 擦除复制基本型女上装纸样多余辅助线、点

（4）使用设计工具栏【移动】工具 ⊞，通过键盘【Shift】键将其切换为仅移动状态 "⊕"，将前衣身做水平移动，移动间距6cm，如图3-48（1）所示。

使用设计工具栏【智能笔】工具 ✐ 补画前衣身侧缝线，如图3-48（2）所示。

> 注：移动纸样前需使用设计工具栏【剪断线】工具 ✄，将袖窿弧线、胸围线、腰围线、臀围线、摆围线在侧缝处做剪断处理。

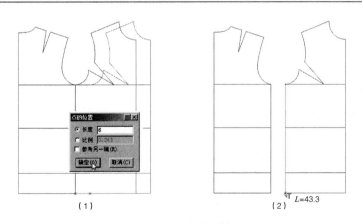

（1）   （2）

图3-48 移动纸样

（5）使用设计工具栏【智能笔】工具 ✐ 过背省省尖点做水平横线至后袖窿弧线，如图3-49（1）所示。

使用设计工具栏【转省】工具 🖐，左键选择后肩线、后袖窿弧线，单击右键结束，左键单击袖窿横线、单击右键结束，左键依次单击肩省左侧边线、右侧边线，完成肩省转移至袖窿弧处，如图3-49（2）（3）所示。

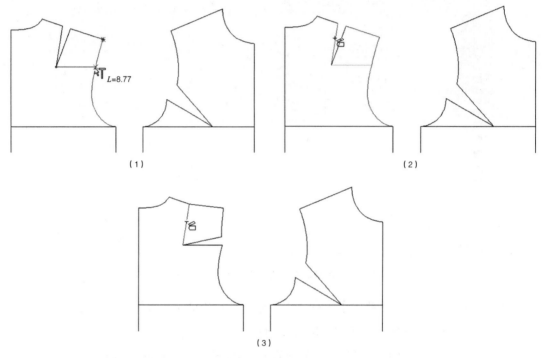

（1）   （2）

（3）

图3-49　做肩省转移处理

（6）使用设计工具栏【智能笔】工具 ✐ 标记点功能，完成前、后领宽开大0.3cm，前领深下落0.5cm，如图3-50所示。

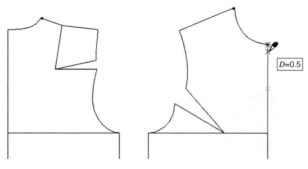

图3-50　领宽、领深开大处理

（7）将快捷工具栏【线类型】设置为"粗实线"，如图3-51（1）所示。

使用设计工具栏【智能笔】工具 ✐ 、【调整】工具 ↖ 完成肩斜线及前、后领口弧线绘制，如图 3-51（2）所示。

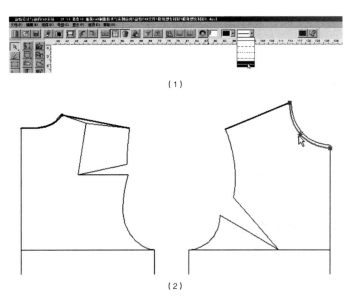

（1）

（2）

图 3-51 完成修身型女衬衫肩斜线及前、后领口弧线绘制

（8）使用设计工具栏【智能笔】工具 ✐ 标记点功能，完成前、后衣片腰节各收腰 2cm，按住键盘【Shift】键，将【智能笔】工具 ✐ 在后衣片臀围线单击右键，弹出【调整曲线长度】对话框，在【新长度】中输入，$\dfrac{臀围}{4}+1.5$，完成后衣身臀围放量设计，如图 3-52（1）所示。

参照图 3-24 修身型女衬衫衣身结构设计，使用设计工具栏【等分规】工具 ⊟ 反向等分状态 " ⊶ " 与正向等分状态 " ⊷ "、【智能笔】工具 ✐ 斜线/曲线状态 " ✐ " 与水平/垂直状态 " ⊦ "、【智能笔】工具 ✐ 延长线段功能、对齐线段功能等，完成衣身侧缝收腰辅助线、弧线衣摆辅助线及腰省省位标记，如图 3-52（2）（3）所示。

（9）使用设计工具栏【智能笔】工具 ✐ 斜线/曲线状态 " ✐ "，完成腰省边线绘制，如图 3-53（1）所示。

使用设计工具栏【旋转】工具 ⟳ 并切换为复制状态 " ⟳ "，将转至后衣身袖窿省下边线做旋转复制，在弹出【点的位置】对话框【长度】中输入数值，单击【确定】，使用设计工具栏【智能笔】工具做后衣身育克横向分割，如图 3-53（2）所示。

将快捷工具栏【线类型】设置为 "粗实线"，使用设计工具栏【智能笔】工具 ✐ 重新连接胸省边线，使用设计工具栏【旋转】工具 ⟳ 并切换为复制状态 " ⟳ "，将胸省上边线做旋转复制，如图 3-53（3）所示。

使用设计工具栏【智能笔】工具 ✐ 、【调整】工具 ↖ 完成修身型女衬衫袖窿弧线、侧缝线、衣摆曲线、育克分割线绘制，如图 3-53（4）所示。

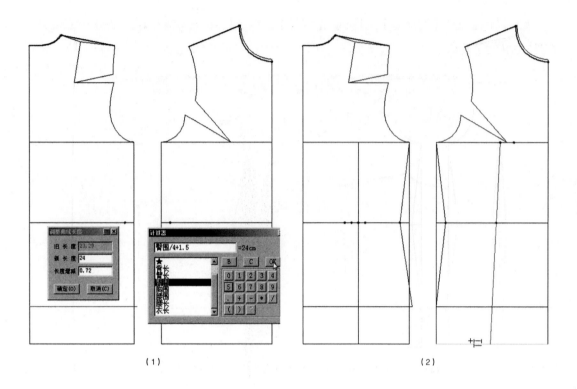

（1）　　　　　　　　　　　　　　　　　　　　　（2）

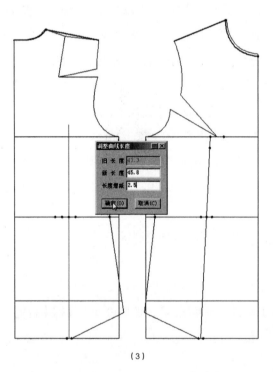

（3）

图 3-52　修身型女衬衫侧缝、衣摆辅助线及腰省省位标记

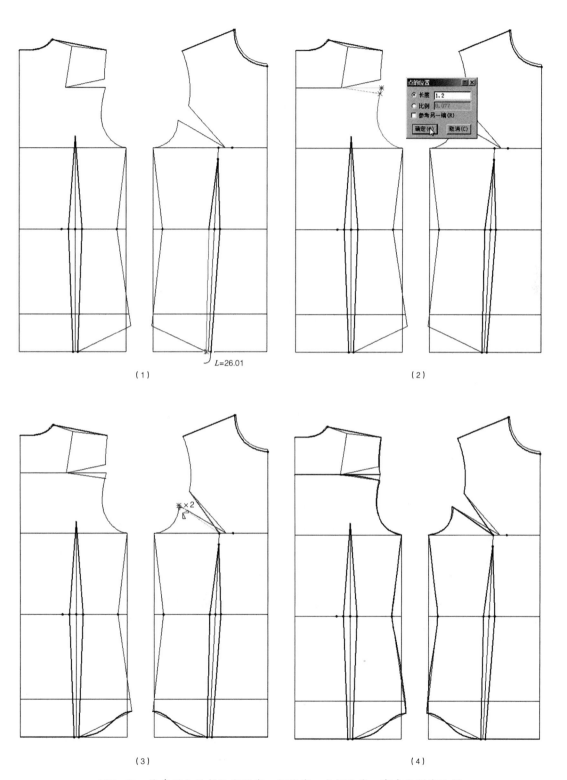

（1）　　　　　　　　　　　　　　　　（2）

（3）　　　　　　　　　　　　　　　　（4）

图3-53　修身型女衬衫袖窿弧线、侧缝线、衣摆曲线、育克分割线绘制

（10）使用设计工具栏【合并调整】工具 ，鼠标左键单击需合并调整的袖窿弧线，单击鼠标右键结束，鼠标左键单击合并省边线，单击鼠标右键结束，弹出【合并调整】对话框，可选择"手动保形"或"自动顺滑"完成袖窿弧线调整，如图3-54所示。

同样操作，完成领口弧线、衣摆弧线的合并调整。

注：合并调整应注意选择调整线段的先后顺序应与合并边线的先后顺序一致。

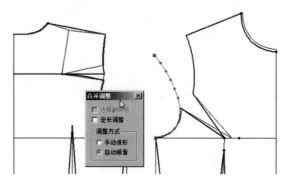

图3-54 修身型女衬衫领口弧线、袖窿弧线、衣摆弧线合并调整

（11）使用设计工具栏【智能笔】工具 延长线段功能，分别延长前身衣摆、领口弧线，连接衣摆、领口延长线为衣身搭门，使用纸样工具栏【水平/垂直校正】工具 完成搭门线垂直校正，完成修身型女衬衫衣身纸样结构设计，如图3-55所示。

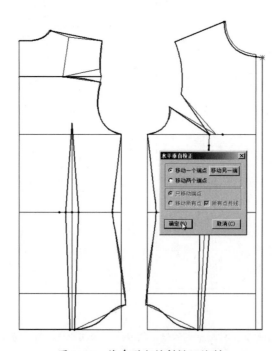

图3-55 修身型女衬衫搭门绘制

（三）修身型女衬衫衣领纸样设计

（1）按住键盘【空格】键，框选或滑动鼠标滑轮放大显示前衣身领口部分，如图 3-56 所示。

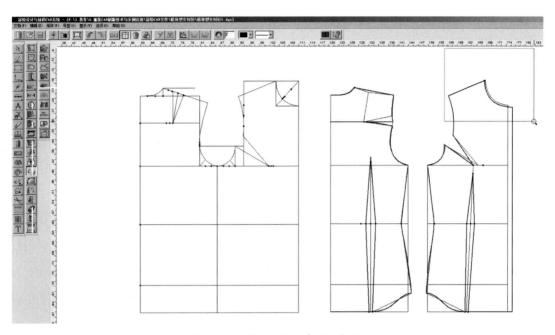

图 3-56　放大显示衣身领口部分

（2）参考图 3-26 修身型女衬衫衣领结构设计，在修身型女衬衫前领口肩颈点，使用设计工具栏【智能笔】工具，✐ 做任意长水平辅助线段，做领倾角 90°线段 3cm（领座高），使用设计工具栏【圆规】工具 Ⓐ ，过领倾角线段上端点引 3.5cm（翻领宽）斜线交于前肩斜线，如图 3-57（1）所示。

使用设计工具栏【智能笔】工具延长线段功能，过斜线交点延长肩斜线 3.5cm（翻领宽），如图 3-57（2）所示。

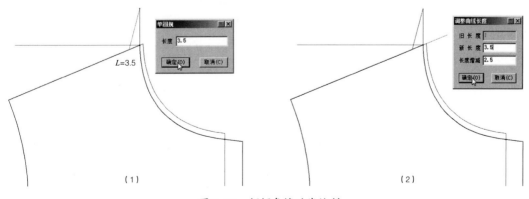

图 3-57　领倾角辅助线绘制

（3）使用设计工具栏【剪断线】工具 ，将前领口弧线在前领中处剪断，使用【比较长度】工具 测量领口弧线，如图3-58所示。

（4）使用【圆规】工具 绘制衣领翻转辅助线等于领口弧长，如图3-59所示。

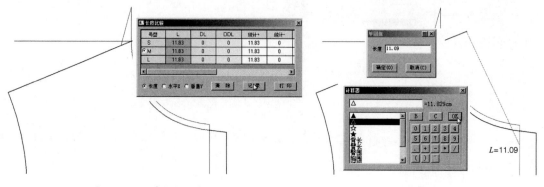

图3-58　测量领口弧长　　　　　　　　图3-59　衣领翻转辅助线

（5）使用设计工具栏【智能笔】工具 延长线段功能，做衣领翻转辅助线的延长线，延长线3.5cm（翻领宽）；使用设计工具栏【圆规】工具 做3.5cm延长线的双引线，其中"第1边"设3.5cm（翻领宽），"第2边"为（3.5-3+0.5）×0.8=0.8cm（翻领松量），如图3-60所示。

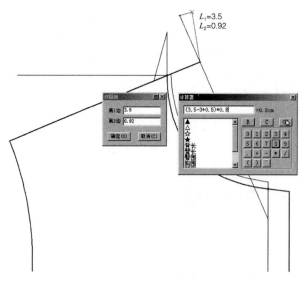

图3-60　翻领松量设定

（6）使用设计工具栏【比较长度】工具 ，测量后衣身领口弧长并做标记，使用【智能笔】工具 延长线段功能，延长翻领松量外边线等于后衣身领口弧长，如图3-61（1）（2）所示。

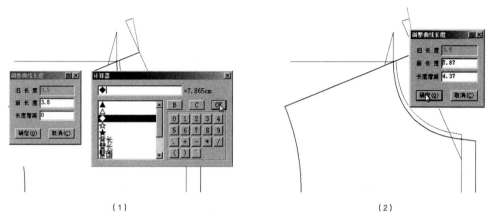

（1）　　　　　　　　　　　（2）

图 3-61　延长翻领松量外边线

（7）使用设计工具栏【角度线】工具 ，左键单击翻领松量外边延长线，再单击上端点，可通过键盘【Shift】键完成角度坐标切换，做翻领松量外边延长线垂线6.5cm（领座高 + 翻领宽），如图3-62（1）所示。

使用设计工具栏【角度线】工具 、【等分规】工具 、【圆规】工具 依次完成翻领辅助线绘制，如图3-62（2）（3）所示。

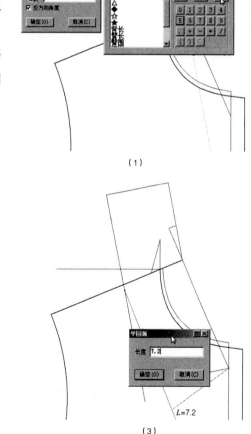

（1）

（2）　　　　　　　　　　　（3）

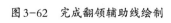

图 3-62　完成翻领辅助线绘制

（8）使用【智能笔】工具 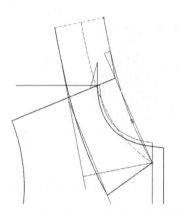、【调整】工具 ，完成翻领轮廓线、翻转线的绘制和调整，如图3-63所示。

图 3-63　翻领轮廓线、翻转线的绘制和调整

（四）修身型女衬衫衣袖纸样设计

（1）使用设计工具栏【移动】工具 ，通过键盘【Shift】键切换为复制"　"，移动复制修身型女衬衫肩斜线、袖窿弧线、省边线、侧缝垂线、胸围线，如图3-64所示。

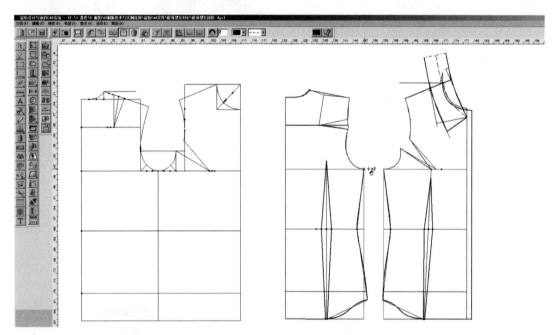

图 3-64　移动复制肩斜线、袖窿弧线、省边线、侧缝垂线、胸围线

（2）使用设计工具栏【旋转】工具 ，合并前、后袖窿省，将前、后袖窿弧线做合并处理，使用【移动】工具 将前、后衣身对合，使用【橡皮擦】工具 擦除多余侧缝垂线，如图3-65所示。

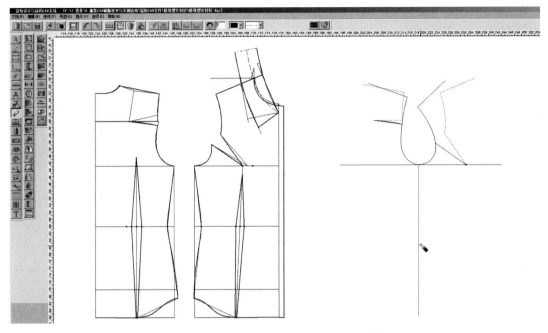

图 3-65 合并袖窿弧线，对合前、后衣身

（3）使用设计工具栏【智能笔】工具 ，做前、后肩端点水平线，延长侧缝线至后肩端点水平线，使用【等分规】工具 正向等分状态 ""，做前、后肩端水平线二等分，过等分中点至袖窿底做六等分，如图 3-66 所示。

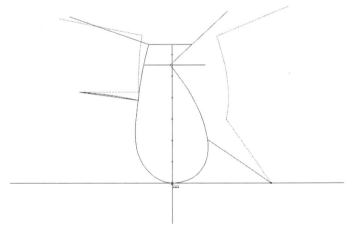

图 3-66 做袖窿深六等分

（4）使用设计工具栏【剪断线】工具 ，鼠标左键单击前袖窿两段弧线，单击鼠标右键完成线段拼接，后袖窿弧线拼接操作相同，如图 3-67（1）所示。

使用【比较长度】工具 测量线段长度 ""，分别测量前、后袖窿弧长，并完成标记，如图 3-67（2）所示。

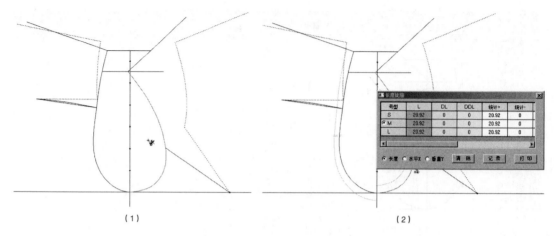

（1）　　　　　　　　　　　　　（2）

图3-67　测量前、后袖窿弧长

（5）取前、后袖窿落差的六分之五为袖山高，使用设计工具栏【圆规】工具 A，过袖山顶点做前、后袖窿深线的引线为前、后袖山斜线，确定袖肥，如图3-68（1）（2）所示。

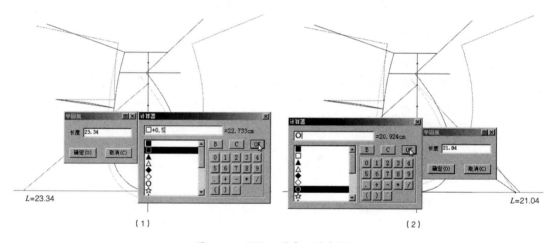

（1）　　　　　　　　　　　　　（2）

图3-68　做袖山斜线、设定袖肥

（6）使用【等分规】工具 B 正向等分状态" +⌒ "，做前、后袖肥二等分，如图3-69所示。

（7）过袖肥等分点，使用设计工具栏【智能笔】工具 ，按住鼠标右键拖拽，拉出"L"线段，放置袖山顶点，单击鼠标左键结束，如图3-70所示。

（8）使用设计工具栏【等分规】工具 B 正向等分状态" +⌒ "，做前、后袖山转折辅助线五等分、三等分，完成袖山弧线转折区间设定，如图3-71所示。

（9）参考图3-27修身型女衬衫衣袖结构设计，使用设计工具栏【等分规】工具 B 正向等分状态" +⌒ "、【智能笔】工具 、【角度线】工具 ，完成前、后袖山外弧辅助点设定，如图3-72所示。

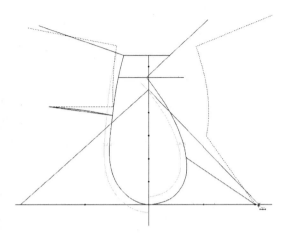

图3-69　做前、后袖肥二等分

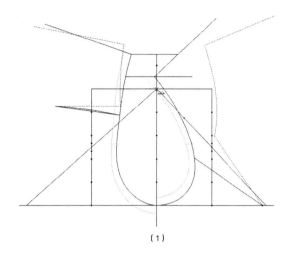

（1）

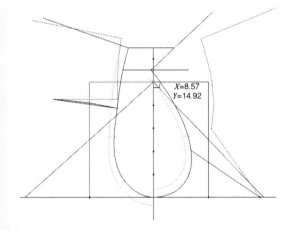

图3-70　做前、后袖山转折辅助线

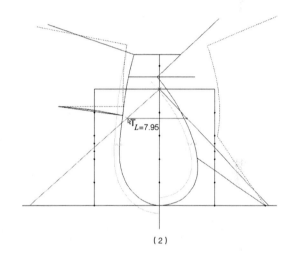

（2）

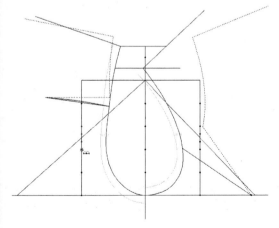

图3-71　设定袖山弧线转折区间

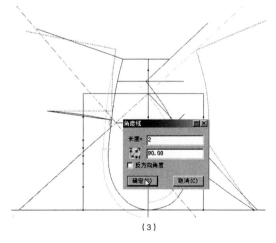

（3）

图3-72　设定前、后袖山外弧辅助点

（10）使用设计工具栏【智能笔】工具
，做前胸宽、后背宽垂线至袖窿深线，如
图3-73（1）所示。

使用设计工具栏【等分规】工具 正向
等分状态" "，分别做前、后袖窿门宽三
等分，如图3-73（2）所示。

使用设计工具栏【智能笔】工具 ，分
别做前、后袖窿门宽三分之一点垂线至袖窿
弧线，如图3-73（3）所示。

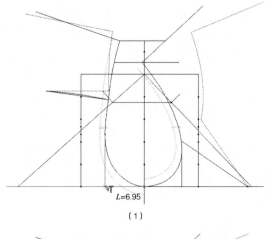

（1）

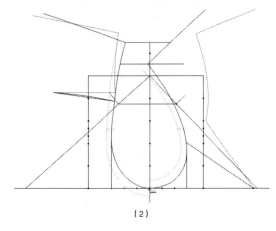

（2）

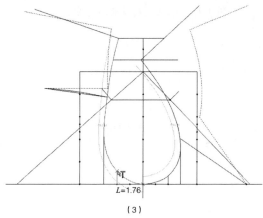

（3）

图3-73　做袖窿底辅助线

（11）使用设计工具栏【对称】工具 ，做前、后袖窿弧线对称复制，如图3-74（1）所示。

使用设计工具栏【智能笔】工具 ，分别过前、后袖窿底垂线交点做水平线至复制前、
后袖窿弧线，如图3-74（2）所示。

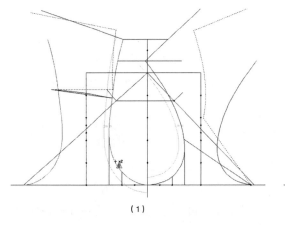

（1）

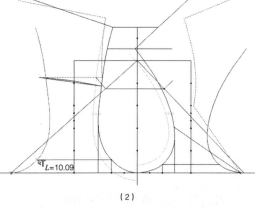

（2）

图3-74　设定袖山底与袖窿底吻合点

（12）使用设计工具栏【智能笔】工具 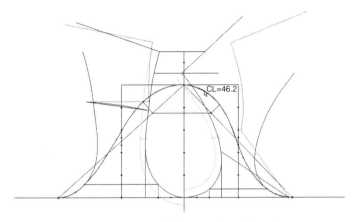，完成袖山弧线绘制，如图3-75所示。

图3-75　完成袖山弧线绘制

（13）使用设计工具栏【剪断线】工具 ，将侧缝线袖山顶点位置剪断，使用【智能笔】工具 延长线功能，完成袖长设定，如图3-76（1）所示。

使用【智能笔】工具 "L" 线段功能，绘制袖身辅助线、袖口辅助线，如图3-76（2）所示。

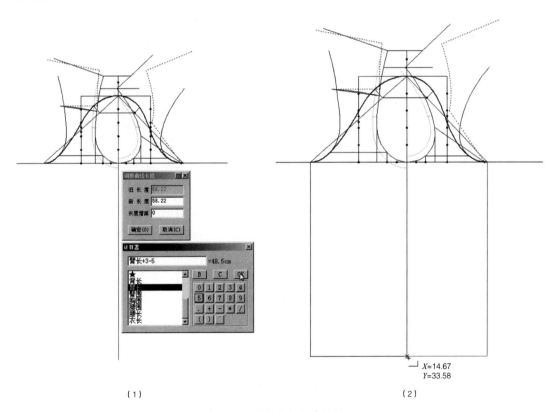

（1）　　　　　　　　　　　　　　　　（2）

图3-76　绘制衣袖袖身辅助线

（14）使用设计工具栏【智能笔】工具 ✏️ 完成袖身底缝斜线绘制，如图 3-77 所示。

（15）使用设计工具栏【等分规】工具 ▦ 正向等分状态 " ➕ "、【智能笔】工具 ✏️ 完成袖口曲线绘制，如图 3-78 所示。

（16）使用设计工具栏【智能笔】工具 ✏️ 绘制袖口开衩，如图 3-79 所示。

（17）使用设计工具栏【智能笔】工具 ✏️ 完成袖克夫绘制，如图 3-80 所示。

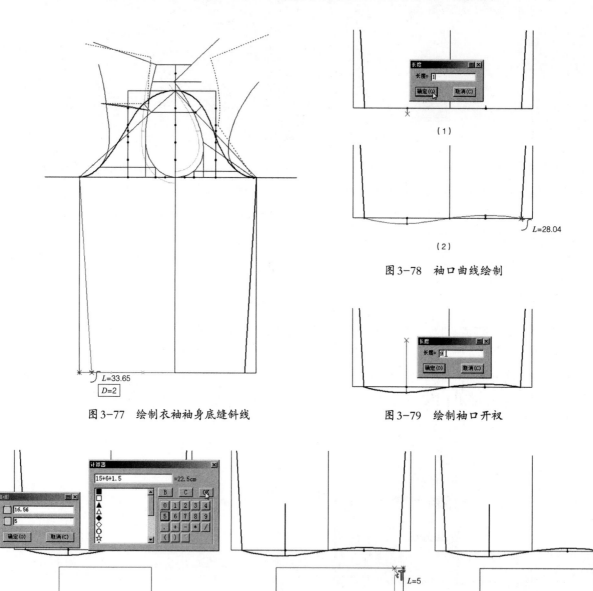

图 3-77　绘制衣袖袖身底缝斜线

图 3-78　袖口曲线绘制

图 3-79　绘制袖口开衩

图 3-80　完成袖克夫绘制

六、富怡服装 CAD 纸样提取与后处理

（1）使用设计工具栏【剪刀】工具 ✂️，提取修身型女衬衫衣身、衣袖、衣领纸样，并使用纸样工具栏【旋转衣片】工具 🔄，将衣领纸样转正，如图 3-81 所示。

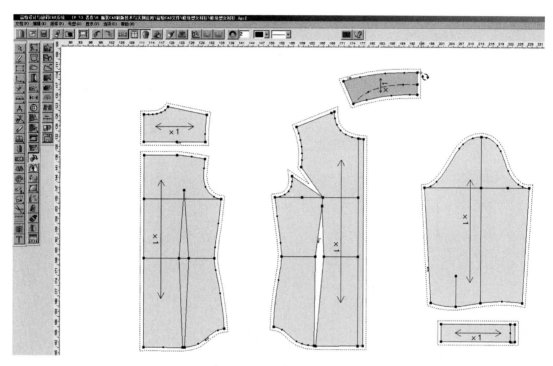

图 3-81　修身型女衬衫衣身、衣袖、衣领纸样提取

（2）使用设计工具栏【智能笔】工具 ✏️，按住键盘【Shift】键，将【智能笔】工具 ✏️ 放置前肩斜线，按住鼠标左键快速向下拖拽，松开键盘【Shift】键，指定领口、袖窿弧线，拉

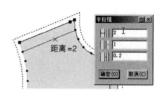

图 3-82　做前衣身过肩

出区间平行线，单击鼠标左键弹出【平行线】对话框，输入数据，单击【确定】，如图 3-82 所示。

（3）参考图 3-24 修身型女衬衫衣身结构设计，使用设计工具栏【智能笔】工具 ✏️、【调整】工具 🖱️，完成衣身过面绘制，如图 3-83 所示。

（4）使用纸样工具栏【分割纸样】工具 ✂️，将修身型女衬衫做纸样分割，如图 3-84（1）（2）所示。

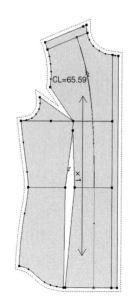

图 3-83　做前衣身过面

使用纸样工具栏【合并纸样】工具 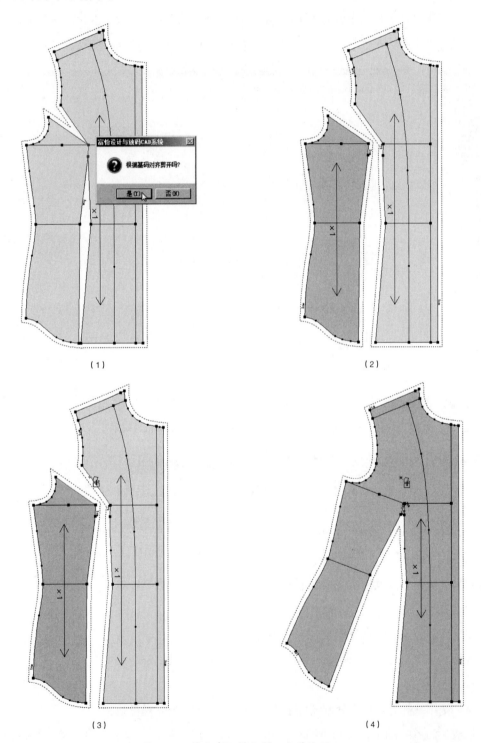，将分割纸样在袖窿省做合并，完成省转移处理，如图3-84（3）（4）所示。

（1）

（2）

（3）

（4）

图3-84　前衣身纸样分割、合并处理

（5）参考图3-25修身型女衬衫衣身省转移，使用设计工具栏【等分规】工具 ▱▱ 标记省尖位置点，如图3-85（1）所示。

使用纸样工具栏【选择纸样控制点】工具 █，将纸样部分点通过【点属性】对话框取消【放码点】设置，如图3-85（2）所示。

使用设计工具栏【调整】工具 ▚，选择纸样省尖部分点，单击键盘【Delete】键，删除部分多余点，如图3-85（3）所示。

使用设计工具栏【调整】工具 ▚，将转省后的省尖做归位处理，如图3-85（4）所示。

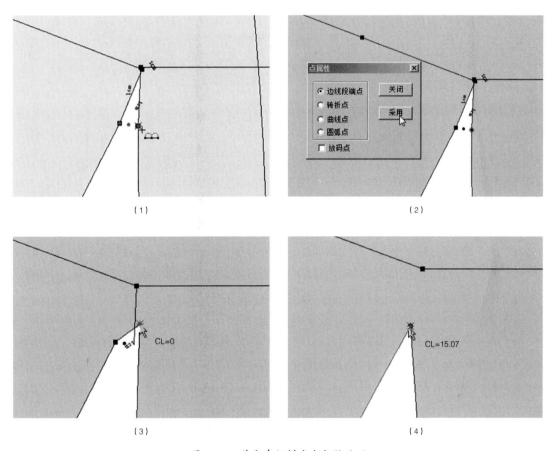

图3-85 前衣身纸样省尖归位处理

（6）使用纸样工具栏【分割纸样】工具 █，将前衣身过肩做分割，如图3-86（1）所示。

使用纸样工具栏【合并纸样】工具 █，将衣身前过肩纸样与后衣身育克进行合并，如图3-86（2）（3）所示。

（7）选择前衣身纸样，通过键盘【Ctrl+C】、【Ctrl+V】完成衣身纸样复制，使用纸样工具栏【分割纸样】工具 █，将衣身过面部分分割，按键盘【Ctrl+D】删除多余纸样，完成衣身过面提取，如图3-87所示。

（8）使用纸样工具栏【眼位】工具 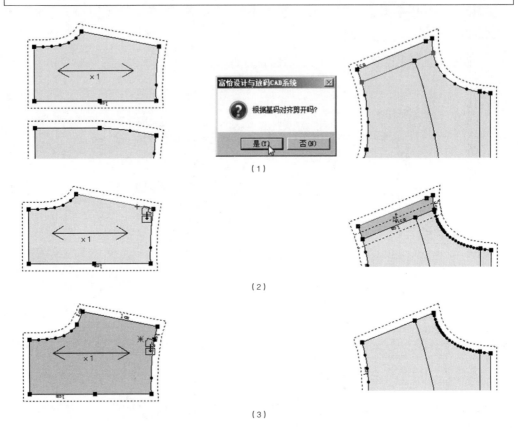，单击前衣身领口中点，弹出【加扣眼】对话框，输入眼位、眼数、眼距、角度等数据，单击【确定】完成，如图3-88所示。

> 注：起始点位置、眼距设定是通过坐标参数完成，有正、负值区分，输入数据时应加以注意。

（1）

（2）

（3）

图3-86　前衣身过肩剪切、前衣身过肩与后衣身育克合并

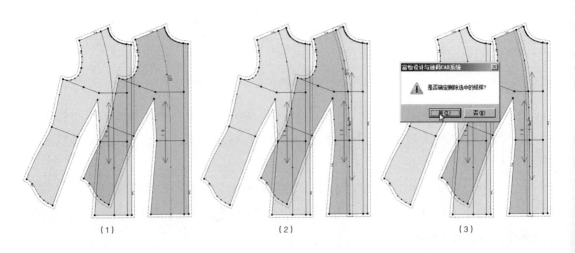

（1）　　　　　　　　　　（2）　　　　　　　　　　（3）

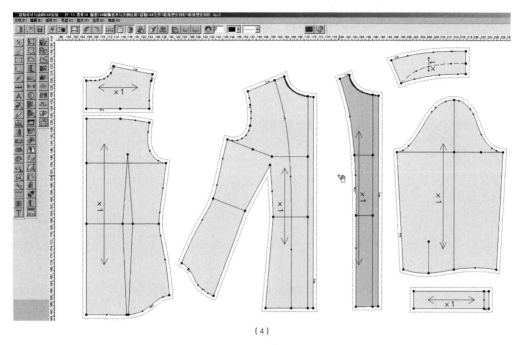

（4）

图 3-87　做衣身过面提取

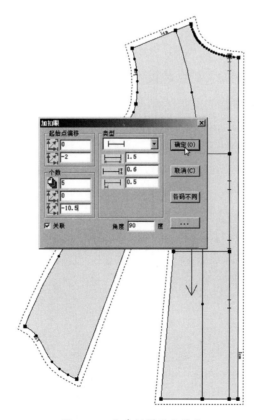

图 3-88　衣身纸样眼位设定

七、富怡服装CAD纸样缝份、标注设计

（1）使用纸样工具栏【纸样对称】工具 ![icon]，完成后衣身、后衣身育克、衣领、衣袖、袖克夫纸样对称设定，使用【加缝份】工具 ![icon]，完成纸样缝份加放，如图3-89所示。

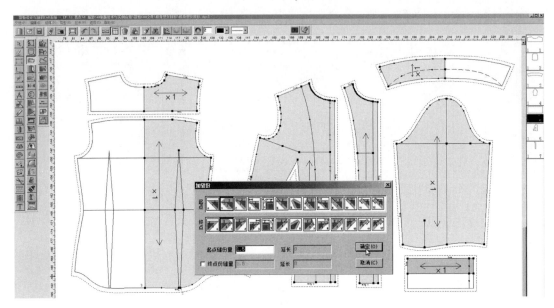

图3-89　纸样对称、缝份加放

（2）使用纸样工具栏【剪口】工具 ![icon]，完成纸样剪口标注，使用【比拼行走】工具 ![icon]，完成衣袖与衣身袖窿对位，并标注剪口，如图3-90所示。

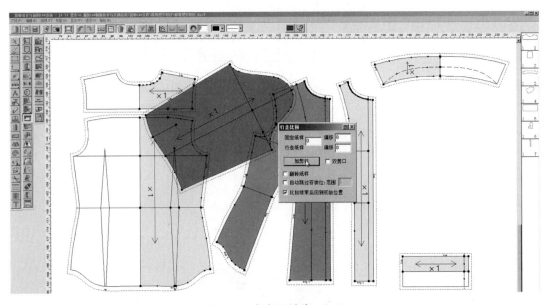

图3-90　完成纸样剪口标注

（3）双击纸样存放栏中的纸样，弹出【纸样资料】对话框，分别完善相关纸样信息，如图3-91所示。

> 注：【纸样资料】中"布料名"项目应保证使用相同布料纸样的布料名称一致，以保证后续排料工作顺利。

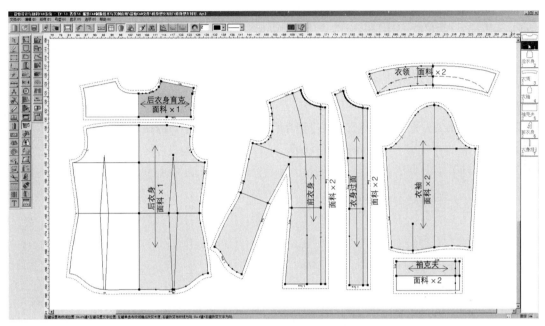

图3-91 完善纸样资料信息

第四章 富怡服装CAD纸样放码

第一节 富怡服装CAD纸样放码初步

以基本型女裙装纸样放码为例，初步介绍使用富怡服装CAD软件菜单栏【选项】→【系统设置】→【开关设置】、快捷工具栏【显示结构线】工具、【点放码表】工具、纸样工具栏【选择纸样控制点】工具完成纸样放码的步骤、方法和技巧。

一、基本型女裙装纸样放码量

基本型女裙装纸样放码量如图4-1所示。

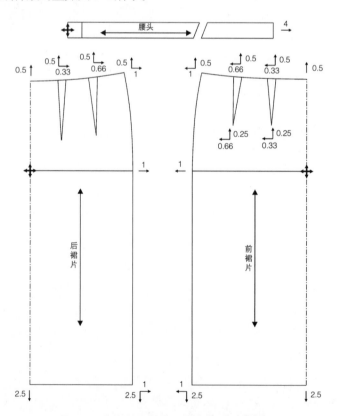

图4-1 基本型女裙装纸样放码量示意图

二、富怡服装CAD纸样点放码应用

（1）打开基本型女裙装纸样设计文件，关闭【显示结构线】工具 ▦ 。选择菜单栏【选项】→【系统设置】→【开关设置】，关闭"显示缝份线"（图4-2）。

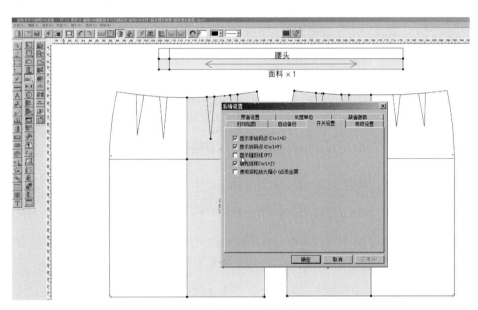

图4-2　打开基本型女裙装纸样设计文件

（2）鼠标单击快捷工具栏【点放码表】，打开【点放码表】对话框，选择纸样工具栏【选择纸样控制点】工具 ▦（图4-3）。

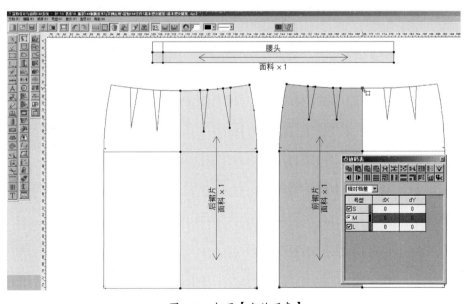

图4-3　打开【点放码表】

（3）使用纸样工具栏【选择纸样控制点】工具 ，点选前裙片腰围中线放码点，将【点放码表】对话框中【自动判断放码量正负】 打开，选择"相对档差"，在"S""dY"栏输入放码坐标参数"0.5"，单击【Y相等】 ，完成单点放码（图4-4）。

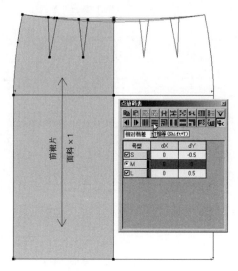

图 4-4　完成前裙片腰围中线放码点放码

（4）使用纸样工具栏【选择纸样控制点】工具 ，点选前裙片腰围侧缝放码点，在【点放码表】对话框中"S""dY"栏输入放码坐标参数"1"，在"S""dY"栏输入放码坐标参数"0.5"，单击【XY相等】 ，如图4-5（1）所示。

注：如放码点坐标方向有误，可根据放码实际情况选择【X取反】 、【Y取反】 、【XY取反】 予以放码点坐标修正，如图4-5（2）所示。

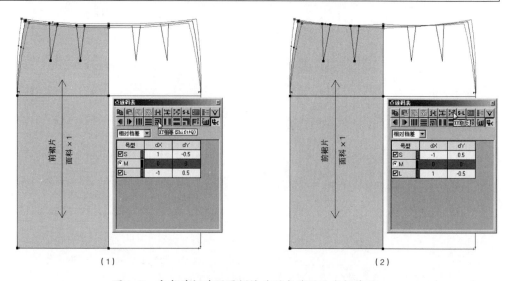

（1）　　　　　　　　　　　　　　　　（2）

图 4-5　完成前裙片腰围侧缝放码点放码及坐标修正

（5）使用纸样工具栏【选择纸样控制点】工具 🖳，点选前裙片臀围侧缝放码点，在【点放码表】对话框中"S""dY"栏输入放码坐标参数"1"，在"S""dY"栏输入放码坐标参数"0"，单击【X相等】▥，如图4-6所示。

（6）使用纸样工具栏【选择纸样控制点】工具 🖳，点选前裙片摆围侧缝放码点，在【点放码表】对话框中"S""dY"栏输入放码坐标参数"1"，在"S""dY"栏输入放码坐标参数"2.5"，单击【XY相等】🔂，如图4-7所示。

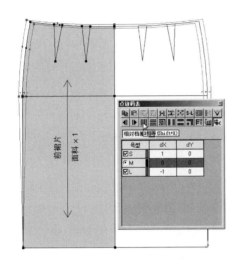

图4-6　完成前裙片臀围侧缝放码点放码

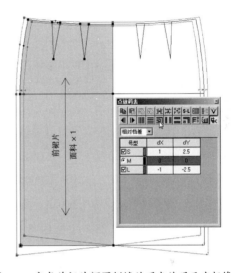

图4-7　完成前裙片摆围侧缝放码点放码及坐标修正

（7）使用纸样工具栏【选择纸样控制点】工具 🖳，点选前裙片摆围侧缝放码点，在【点放码表】对话框中单击【复制放码量】🖻，使用纸样工具栏【选择纸样控制点】工具 🖳，点选摆围中线放码点，单击【点放码表】对话框中【粘贴Y】🖺，完成放码量的复制、粘贴，如图4-8所示。

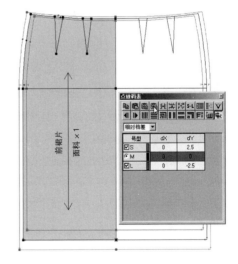

图4-8　完成前裙片摆围中线放码点放码

（8）同上述操作，综合使用纸样工具栏【选择纸样控制点】工具 🖳，以及【点放码表】对话框中【复制放码量】🖻、【粘贴XY】🖺、【X取反】🖯 或【Y取反】🖰等工具完成右侧腰省放码点放码，如图4-9（1）所示。

使用纸样工具栏【选择纸样控制点】工具 🖳，框选前裙片纸样右侧腰省放码点，单击【点放码表】对话框中【复制放码量】🖻，如图4-9（2）所示。

使用纸样工具栏【选择纸样控制点】工具 ▧ ，框选前裙片纸样左侧腰省放码点，单击
【点放码表】对话框中【粘贴 XY】▧ ，同时完成左侧腰省放码点 X 坐标放码量修正，如图 4-9
（3）所示。

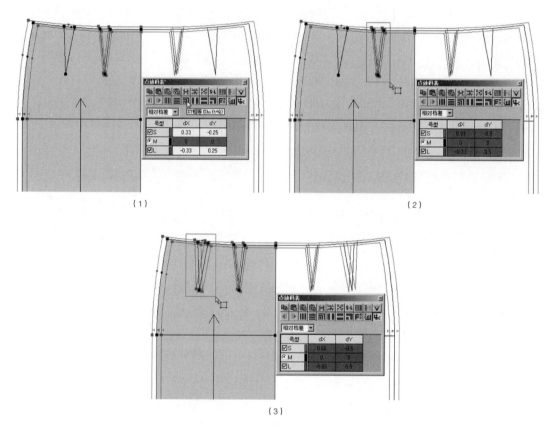

（1）

（2）

（3）

图 4-9　完成前裙片腰省放码点放码

（9）使用【点放码表】对话框中【复制放码量】▧ 、【粘贴 XY】▧ ，将前裙片纸样各放
码点放码量进行对应粘贴至后裙片纸样各放码点，灵活运用【点放码表】对话框中【X 取反】
▧ 、【Y 取反】▧ 予以相关放码点的坐标修正，如图 4-10 所示。

> 注：纸样中腰省可使用纸样工具栏【选择纸样控制点】工具 ▧ 框选功能进行复
> 制、粘贴，并灵活运用【点放码表】对话框中【X 取反】▧ 、【Y 取反】▧ 予以相关
> 放码点的坐标修正。

（10）使用纸样工具栏【选择纸样控制点】工具 ▧ ，框选腰头纸样右侧放码点，在【点
放码表】对话框中 "S" "dY" 栏输入放码坐标参数 "4"，在 "S" "dY" 栏输入放码坐标参数
"0"，单击【X 相等】▧ ，单击【点放码表】对话框中【X 取反】▧ 予以坐标修正，完成腰头
纸样放码，如图 4-11 所示。

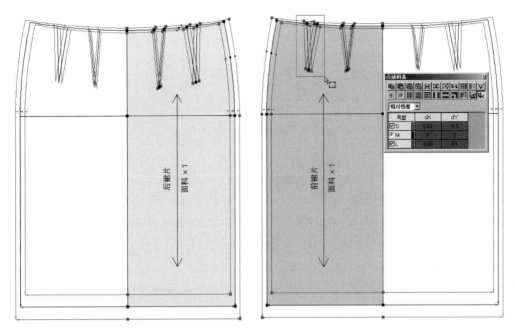

图 4-10 完成后裙片纸样放码

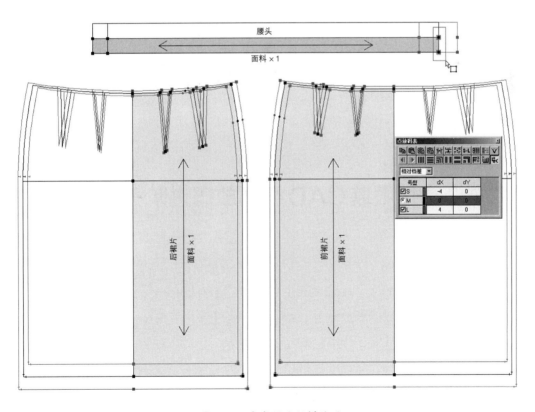

图 4-11 完成腰头纸样放码

（11）选择菜单栏【选项】→【系统设置】→【开关设置】，打开"显示缝份线"，保存文件，如图4-12所示。

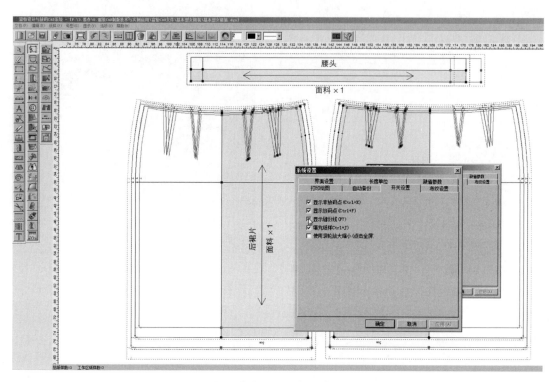

图4-12　打开基本型女裙装纸样缝份线显示

第二节　富怡服装CAD纸样放码进阶

以修身型女衬衫纸样放码为例，进一步介绍使用富怡服装CAD软件快捷工具栏【定型放码】【等幅高放码】【点属性】、放码工具栏【平行交点】【辅助线平行放码】【辅助线放码】【肩斜线放码】、【各码对齐】、【圆弧放码】、【拷贝点放码量】、【点随线放码】、【设定/取消辅助线随边线放码】、【平行放码】等工具完成纸样放码的步骤、方法和技巧。

一、修身型女衬衫纸样放码量

修身型女衬衫纸样放码量如图4-13、图4-14所示。

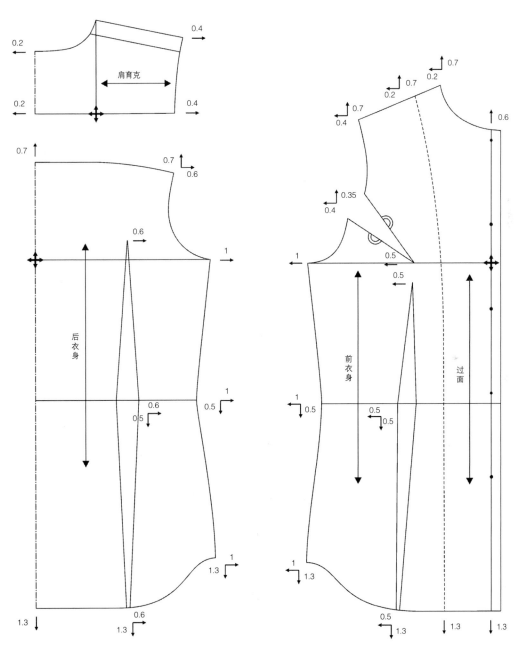

图4-13 修身型女衬衫衣身纸样放码量示意图

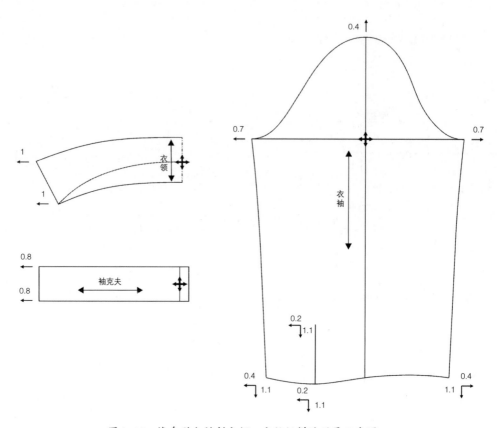

图 4-14 修身型女衬衫衣领、衣袖纸样放码量示意图

二、富怡服装CAD纸样放码典型工具应用

（1）打开修身型女衬衫纸样设计文件，关闭【显示结构线】工具 ▦ 。选择菜单栏【选项】→【系统设置】→【开关设置】，关闭"显示缝份线"。使用纸样工具栏【选择纸样控制点】工具 ▧ ，选择纸样关键点，通过【点属性】对话框将纸样中关键点改为"放码点"，不参与放码的点通过【点属性】对话框将其"放码点"选项取消，如图4-15所示。

（2）参考图4-13修身型女衬衫衣身纸样放码量示意图、图4-14修身型女衬衫、衣领衣袖纸样放码量示意图，同第四章第一节基本型女裙装纸样放码步骤及方法，完成修身型女衬衫纸样基础性放码，如图4-16所示。

（3）使用纸样工具栏【选择纸样控制点】工具 ▧ ，选择纸样领口、袖窿弧线等，鼠标单击【定型放码】工具 ▨ ，完成纸样局部放码线段的定型调整，如图4-17所示。

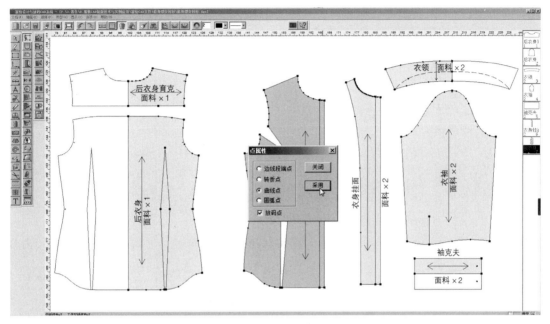

图 4-15 【点属性】调整

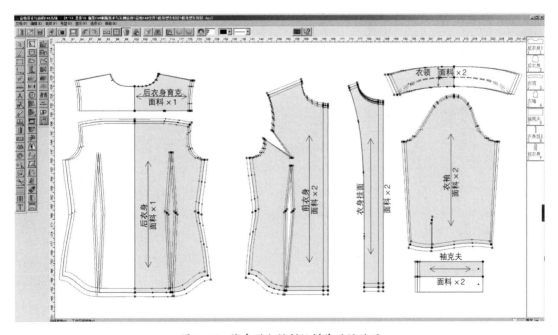

图 4-16 修身型女衬衫纸样基础性放码

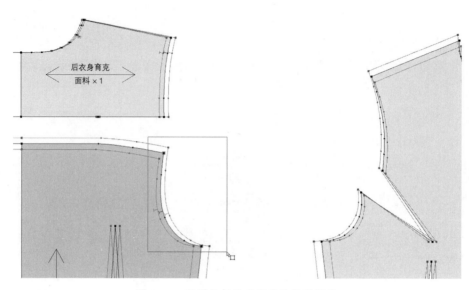

图 4-17 纸样局部放码线段的定型调整

（4）使用纸样工具栏【钻孔】工具 ⊕，完成前衣身、过面纽扣位置设定，如图4-18（1）所示。

使用放码工具栏【点随线放码】工具 ≡，鼠标左键指定前衣身门襟止口线上、下端点，鼠标左键单击上、下纽扣位，完成纽扣【点随线放码】，如图4-18（2）所示。

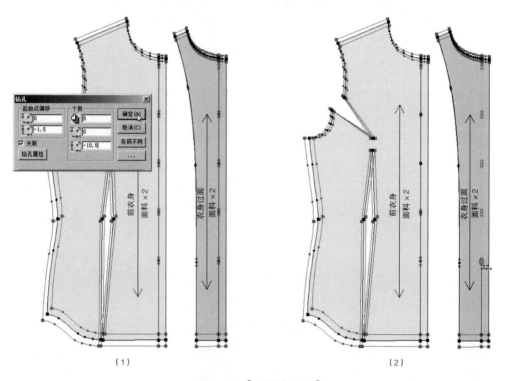

（1）　　　　　　　　　　　　　　（2）

图 4-18 【点随线放码】

（5）使用放码工具栏【拷贝放码量】工具 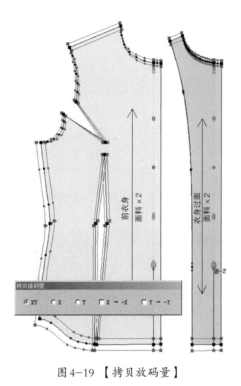，单击前衣身纽扣放码点，再单击过面纽扣相对应放码点，即可完成放码点数据的拷贝、粘贴，如图4-19所示。

图4-19 【拷贝放码量】

（6）使用放码工具栏【各码对齐】工具 ，通过对齐局部放码点方式检查如袖窿弧线、领口弧线等各号型放码后的边线形状是否一致，以便修改，单击鼠标右键即可恢复原状，如图4-20所示。

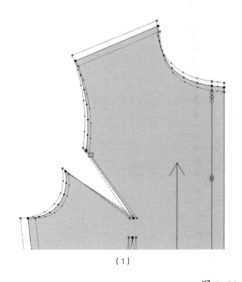

（1）

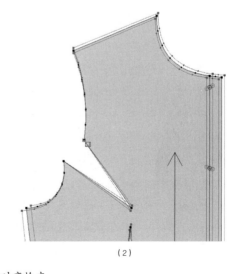

（2）

图4-20 各码对齐检查

（7）使用纸样工具栏【分割纸样】工具 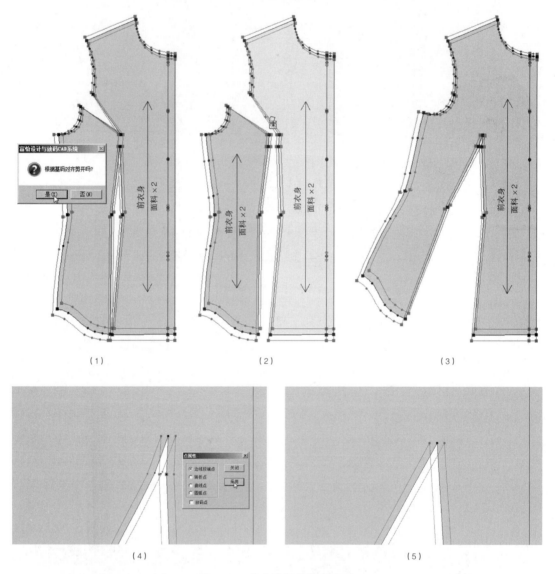 ，将前衣身纸样剪切，如图 4-21（1）（2）所示。

　　使用纸样工具栏【合并纸样】工具 ，将前衣身袖窿深做合并处理，如图 4-21（3）所示。

　　将拼合纸样省尖点做修正处理，如图 4-21（4）（5）所示。

图 4-21　前衣身纸样转省处理

（8）选择菜单栏【选项】→【系统设置】→【开关设置】，打开"显示缝份线"，保存文件，如图 4-22 所示。

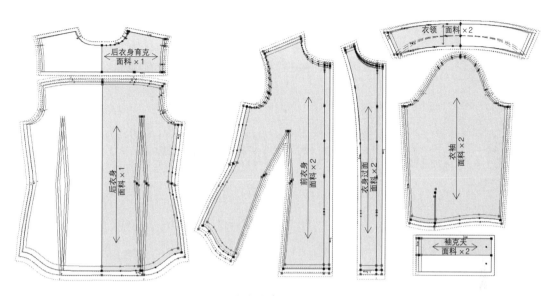

图 4-22 完成修身型女衬衫纸样放码

第五章　富怡服装CAD纸样排料

第一节　富怡服装CAD纸样排料初步

以基本型女裙装纸样排料为例，介绍富怡服装CAD软件排料系统完成纸样排料工作的步骤、方法和技巧。

一、富怡服装CAD纸样排料准备工作

（1）打开服装CAD排料系统，选择菜单栏【唛架】→【定义唛架】或单击快捷工具栏【新建】，弹出【唛架设定】对话框，在唛架【宽度】、【长度】项分别输入面料幅宽"1200"、幅长"4000"数据，完成唛架基本参数设定，单击【确定】，如图5-1所示。

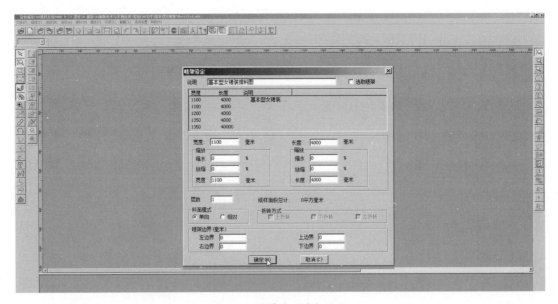

图5-1　排料系统唛架设定

（2）完成唛架基本参数设定，单击【确定】后，通过弹出【选取款式】对话框，单击【载入】，弹出【选取款式文档】对话框，选取"基本型女裙装.dgs"文件，单击【打开】，如图5-2所示。

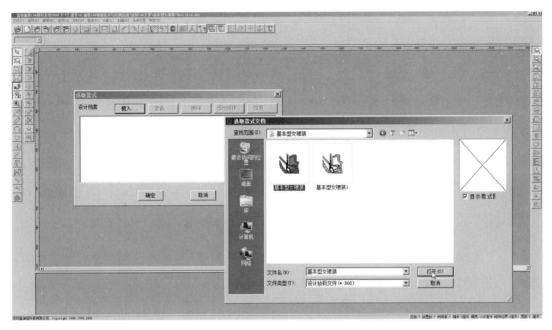

图 5-2　选取款式文档

（3）通过弹出【纸样制单】对话框，输入【订单】、【客户】、【款式名称】、【款式面料】等信息，以及完成"设置偶数纸样为对称属性"等设定，单击【确定】，如图 5-3 所示。

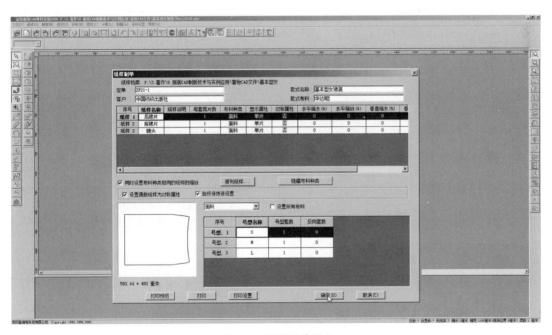

图 5-3　纸样制单设定

（4）在【选取款式】对话框中单击【确定】，在排料系统中完成基本型女裙装纸样导入，如图 5-4 所示。

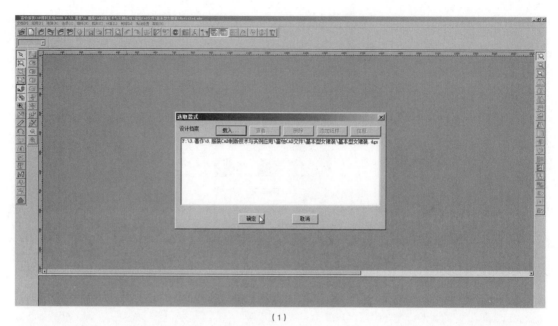

（1）

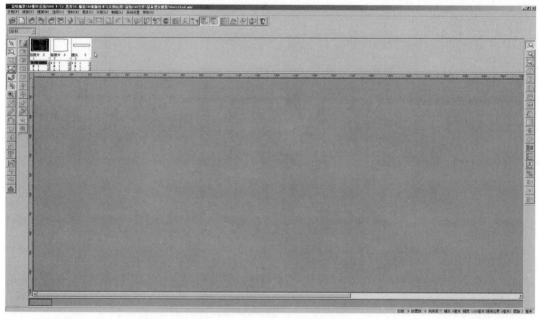

（2）

图5-4　排料系统中完成基本型女裙装纸样导入

二、富怡服装CAD纸样排料操作

（1）选取【衣板框】中"后裙片、S"码纸样，按住鼠标左键拖拽到【主唛架】（排料区），如图5-5所示。

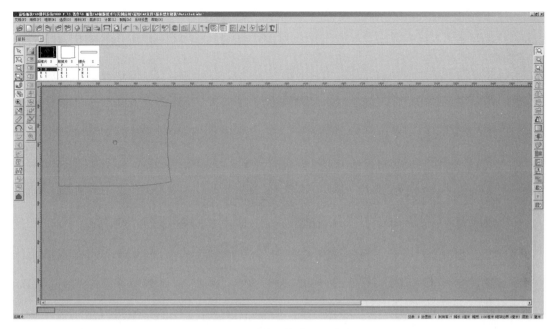

图 5-5　拖拽纸样进入主唛架

（2）将鼠标放置主唛架纸样，按住鼠标右键拉出方向引线，完成纸样在主唛架"靠边对齐"，如图 5-6（1）（2）所示。或使用鼠标左键将选取纸样放置已完成排料纸样上方，处于重叠状态，松开鼠标，纸样会自动完成"靠边对齐"，如图 5-6（3）所示。

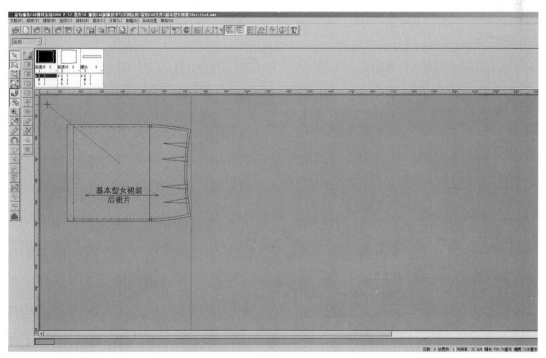

（1）

图 5-6

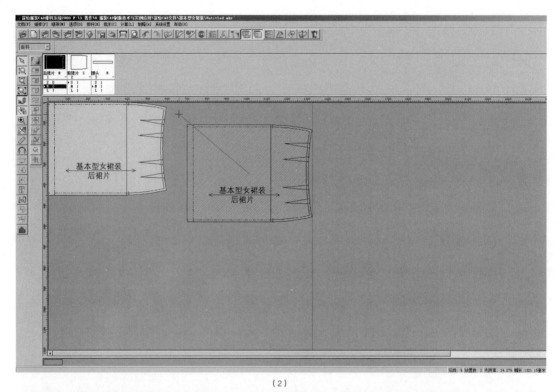

（2）

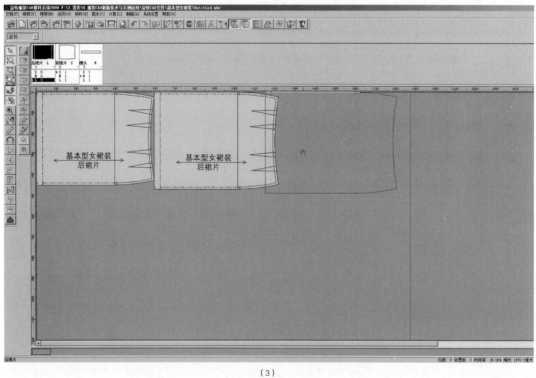

（3）

图5-6 主唛架纸样"靠边对齐"

（3）同上述操作，将【衣板框】其他各号型纸样置入主唛架，并完成排料工作，如图5-7所示。

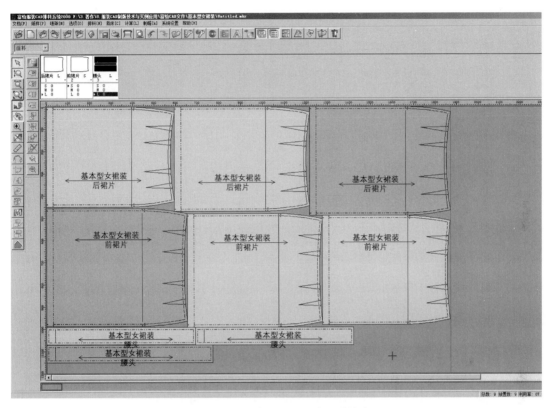

图5-7　完成基本型女裙装纸样排料

（4）单击菜单栏【排料】→【排料结果】，弹出【排料结果】对话框，可检验是否有不成套纸样及面料利用率的信息，如图5-8所示。

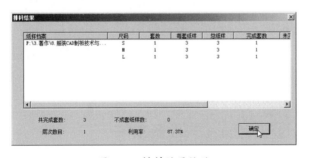

图5-8　排料结果检验

（5）单击快捷工具栏【保存】或菜单栏【保存】，弹出【另存唛架文档为】对话框，完成文件名称填写，保存类型为".mkr"，单击【保存】，如图5-9所示。

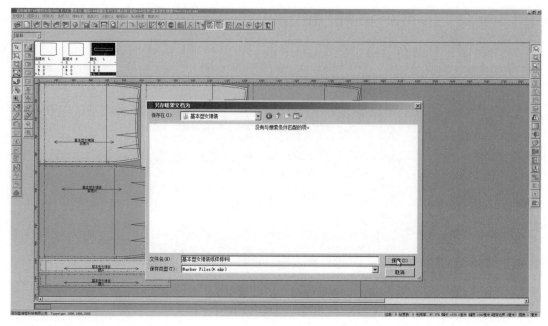

图 5-9　排料文件保存

第二节　富怡服装 CAD 纸样排料进阶

以修身型女衬衫纸样排料为例，进一步介绍富怡服装 CAD 软件排料系统主唛架工具栏【唛架宽度显示】、【显示唛架上全部纸样】、【显示整张唛架】、【旋转限定】、【翻转限定】、【旋转唛架纸样】等工具，辅唛架工具栏【主辅唛架等比显示纸样】、【放置纸样到辅唛架】、【重叠检查】、【裁剪次序设定】等工具，以及【绘图】、【打印】等工具，完成纸样排料工作的步骤、方法和技巧。

一、富怡服装 CAD 纸样排料准备工作

（1）打开服装 CAD 排料系统，选择菜单栏【唛架】→【定义唛架】或单击快捷工具栏【新建】，弹出【唛架设定】对话框，在唛架【宽度】、【长度】项分别输入面料幅宽 "1520"、幅长 "4000" 数据，根据面料实际情况完成唛架缩率及边界等参数设定，单击【确定】，如图 5-10 所示。

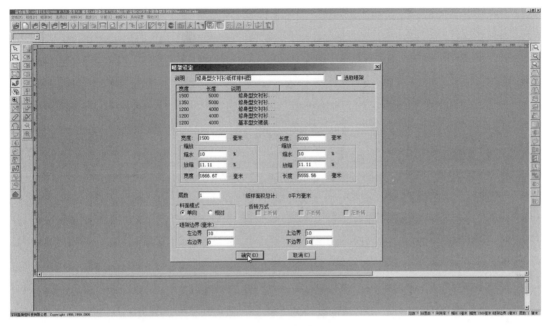

图5-10　排料系统唛架设定

（2）完成唛架基本参数设定，单击【确定】后，通过弹出【选取款式】对话框，单击
【载入】，弹出【选取款式文档】对话框，选取"修身型女衬衫.dgs"文件，单击【打开】，如
图5-11所示。

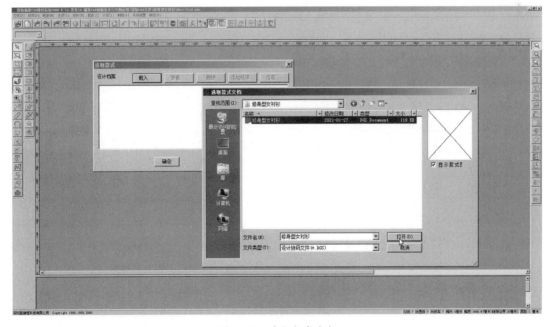

图5-11　选取款式文档

（3）通过弹出【纸样制单】对话框，输入【订单】、【客户】、【款式名称】、【款式面料】等信息，以及完成"设置偶数纸样为对称属性"等设定，单击【确定】，如图5-12所示。

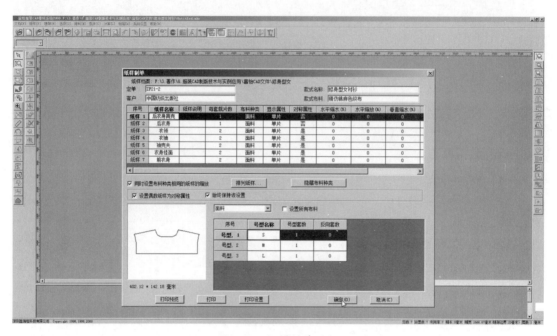

图5-12　纸样制单设定

（4）在【选取款式】对话框中单击【确定】，在排料系统中完成修身型女衬衫纸样导入，如图5-13所示。

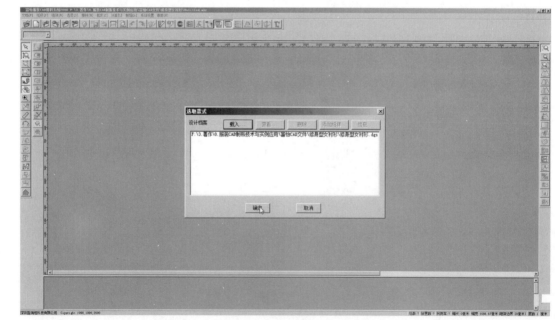

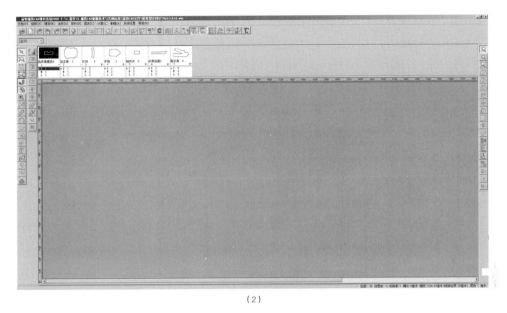

（2）

图 5-13　排料系统中完成修身型女衬衫纸样导入

二、富怡服装 CAD 纸样排料常规操作

（1）选取【衣板框】中"后衣身、L"码纸样，按住鼠标左键拖拽到【主唛架】（排料区），如图 5-14（1）所示。

为求更加有效利用面料，使排料纸样更加贴合，将系统左侧主唛架工具栏【旋转限定】工具 🡒 、【翻转限定】工具 🡒 关闭，可通过单击鼠标右键的方式对选取纸样做【旋转】调整，如图 5-14（2）所示。

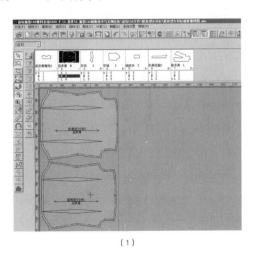

（1）

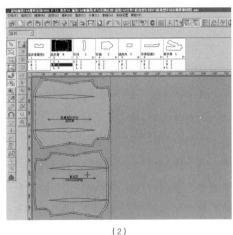

（2）

图 5-14　拖拽纸样进入主唛架及旋转调整纸样

（2）同上述操作，将【衣板框】其他各号型纸样置入主唛架，并完成排料工作，如图5-15所示。

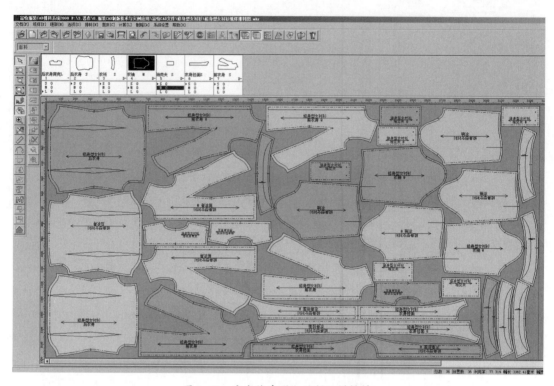

图5-15　完成修身型女衬衫纸样排料

（3）单击菜单栏【排料】→【排料结果】，弹出【排料结果】对话框，可检验是否有不成套纸样及面料利用率的信息，如图5-16所示。

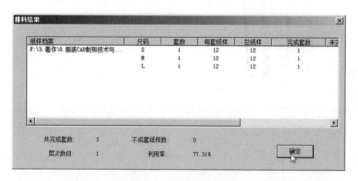

图5-16　排料结果检验

（4）单击快捷工具栏【保存】或菜单栏【保存】，弹出【另存唛架文档为】对话框，完成文件名称填写，保存类型为".mkr"，单击【保存】，如图5-17所示。

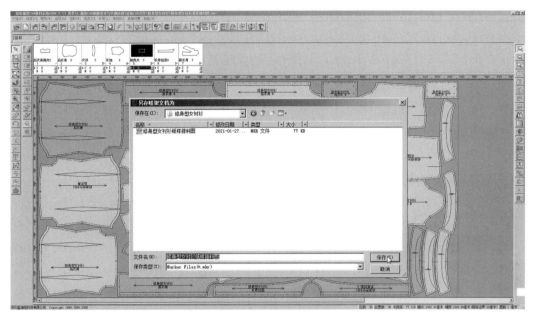

图 5-17　排料文件保存

三、富怡服装CAD纸样排料进阶操作技巧

（1）基于修身型女衬衫纸样导入排料系统界面，使用鼠标拉出辅唛架工作区，关闭右侧辅唛架工具栏【主辅唛架等比显示纸样】工具 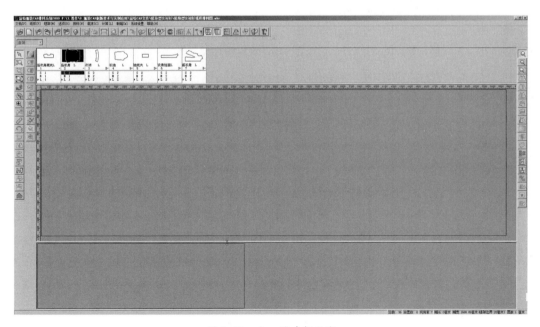（图标），如图5-18所示。

图 5-18　主、辅唛架设定

（2）鼠标左键单击排料系统快捷工具栏【纸样资料】工具 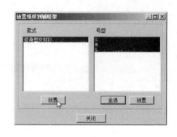，通过【纸样总体资料】对话框完成【虚位】参数设定，单击【采用】、【关闭】对话框，以追加裁剪刀口损耗，如图 5-19 所示。

（3）鼠标左键单击辅唛架工具栏【放置纸样到辅唛架】工具 ，弹出【放置纸样到辅唛架】对话框，单击【全选】，再单击【放置】、【关闭】，将纸样放置辅唛架工作区，如图 5-20 所示。

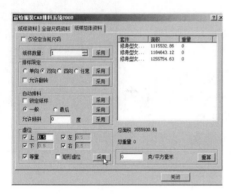

图 5-19　纸样总体资料设定

图 5-20　将纸样放置辅唛架工作区

（4）将系统左侧主唛架工具栏【旋转限定】工具 、【翻转限定】工具 关闭，使用鼠标将辅唛架工作区的纸样拖拽至主唛架工作区，纸样靠齐及旋转方式同上述常规操作方式，如图 5-21 所示。

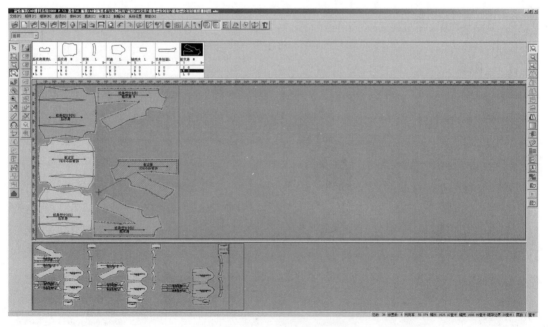

图 5-21　拖拽辅唛架纸样进入主唛架，并旋转调整、靠齐纸样

（5）【纸样制单】对话框中已勾选"设置偶数纸样为对称属性"，因此在排料过程中，偶数纸样限定了纸样的翻转，以保证纸样不会出现"顺片"，个别纸样可通过主唛架工具栏【旋转唛架纸样】工具 🎧 进行有限度微调，使排料更加紧密，提高面料使用率。完成修身型女衬衫纸样排料，如图5-22所示。

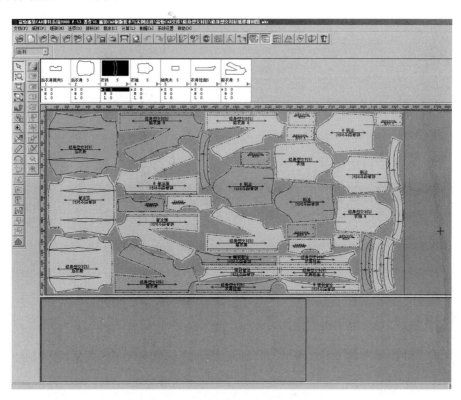

图5-22　完成修身型女衬衫纸样排料

（6）使用辅唛架工具栏【重叠检查】工具 🖿 完成排料纸样重叠检查，如图5-23所示。

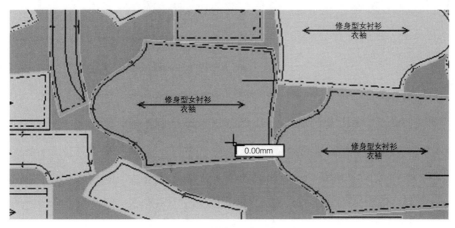

图5-23　排料纸样重叠检查

（7）使用辅唛架工具栏【裁剪次序设定】工具 ，可根据实际情况完成自动裁床纸样裁剪顺序设定，如图5-24所示。

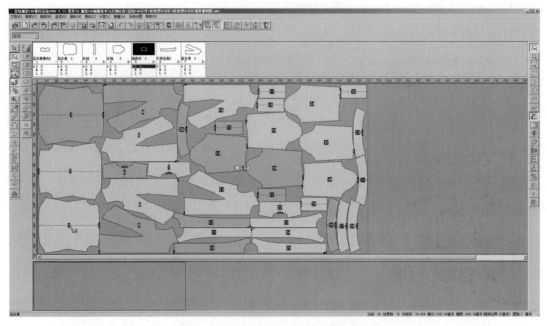

图5-24 自动裁床纸样裁剪顺序设定

（8）完成修身型女衬衫纸样排料图的保存，如图5-25所示。

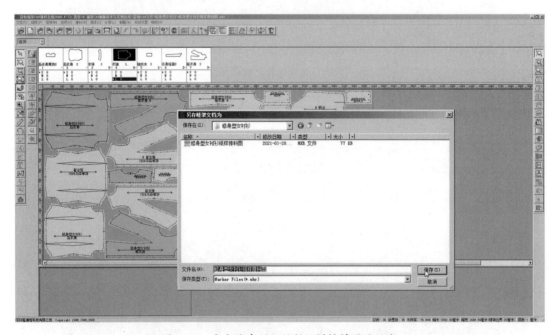

图5-25 完成修身型女衬衫纸样排料图的保存

四、富怡服装CAD纸样排料输出

（1）单击快捷工具栏【绘图】工具 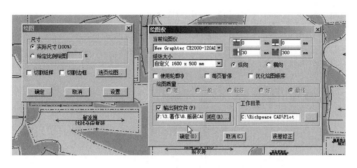，弹出【绘图】对话框，单击【设置】，弹出【绘图仪】对话框，完成【当前绘图仪】、【输出到文件】等设置，单击【确定】，完成".plt"绘图文件保存，如图5-26所示。

图5-26　绘图选项设置及".plt"绘图文件保存

（2）单击快捷工具栏【打印】工具 ，弹出【打印】对话框，选择已连接打印机类型，并完成【属性】选项内"纸张方向"等相关设定，单击【确定】，完成排料图打印，如图5-27所示。

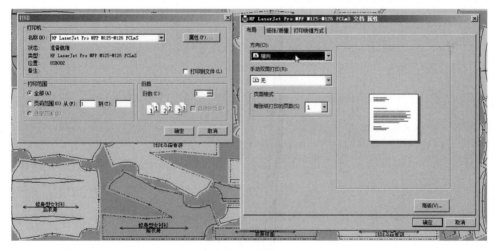

图5-27　排料图打印

第六章　富怡服装CAD实例应用

第一节　育克分割裙纸样设计

一、育克分割裙款式特点

育克分割裙为A型半紧身廓型，裙身臀围处做横向育克分割，臀围以下裙身做纵向六片分割，无省，绱腰头，裙长至膝上10cm处，右侧缝上端装隐形拉链，如图6-1所示。

二、育克分割裙号型规格设计

以M码女下装号型160/68A为育克分割裙纸样设计基码，具体部位规格尺寸见表6-1。

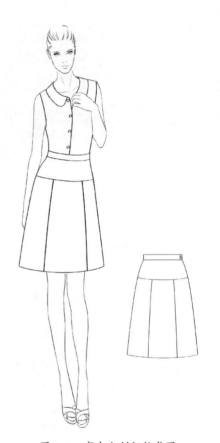

图6-1　育克分割裙款式图

表6-1　育克分割裙号型规格　　　　　　　　　单位：cm

部位	裙长	臀围	腰围	腰长
S	47	86	64	17.5
M	50	90	68	18
L	53	94	72	18.5
档差	3	4	4	0.5

三、育克分割裙结构设计图

将基本型女裙装纸样作为育克分割裙结构设计的基础纸样，采用基型法半身结构制图方式，如图6-2所示。

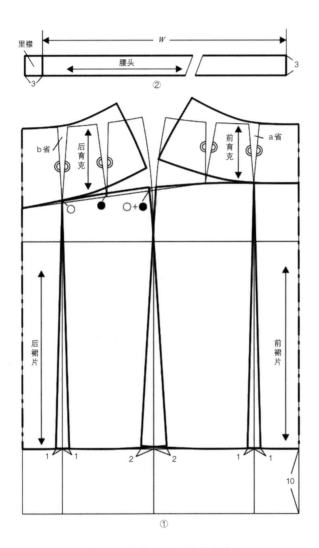

图6-2　育克分割裙结构设计图

四、育克分割裙CAD纸样设计

（1）打开基本型女裙装CAD文件，使用设计工具栏【剪断线】工具　、【橡皮擦】工具　，擦除基本型女裙装CAD纸样多余结构线、点，如图6-3（1）所示。

单击【文档】菜单→【另存为】，将文件保存为"育克分割裙.dgs"，如图6-3（2）所示。

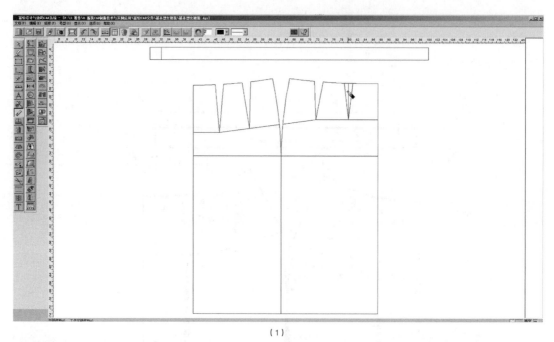

（1）

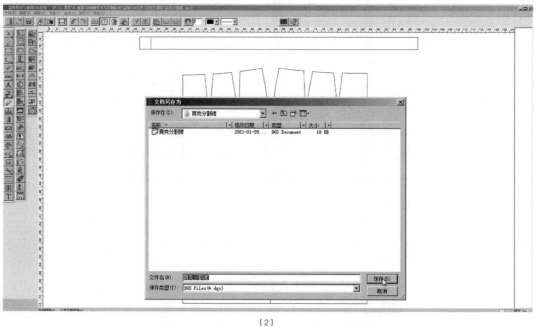

（2）

图 6-3　育克分割裙 CAD 系列纸样设计准备

（2）使用设计工具栏【智能笔】工具 ✍ 平行线功能，做裙摆向上10cm平行线，设为育克分割裙裙摆基础线，完成育克分割裙裙长设定，如图6-4所示。

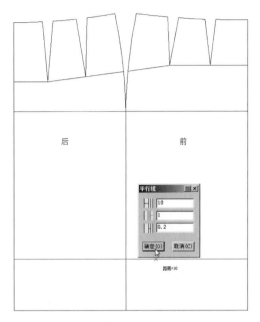

图 6-4　育克分割裙裙长设定

（3）使用设计工具栏【等分规】工具 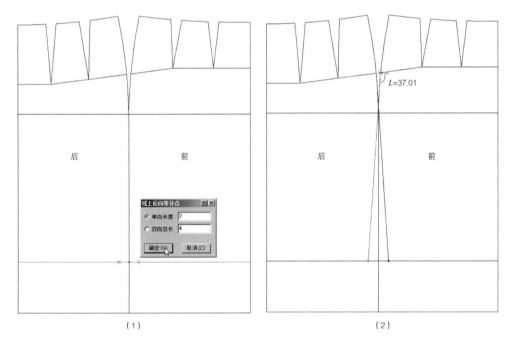 反向等分状态 " ⌣ "，做育克分割裙摆侧缝点
两侧各2cm反向等分，如图6-5（1）所示。

使用设计工具栏【智能笔】工具 ✎ 斜线/曲线状态 " ↄ "，完成育克分割裙侧缝斜线
绘制，如图6-5（2）所示。

（1）　　　　　　　　　　　　　　　　（2）

图 6-5　育克分割裙侧缝斜线绘制

（4）使用设计工具栏【剪断线】工具 ✂ 将前裙片育克分割基础线在省尖点处剪断，如图6-6（1）所示。

同样使用设计工具栏【剪断线】工具 ✂ 将前裙片育克分割基础线右侧两段做拼接，如图6-6（2）所示。

使用设计工具栏【转省】工具 🔲 将前裙片右侧腰省做合并转移，如图6-6（3）所示。

使用设计工具栏【剪断线】工具 ✂ 将前裙片育克分割基础线在省尖点处剪断，如图6-6（4）所示。

使用设计工具栏【转省】工具 🔲 将前裙片左侧腰省做合并转移，如图6-6（5）所示。

使用设计工具栏【橡皮擦】工具 ✏ 擦除多余线段，如图6-6（6）所示。

综合使用设计工具栏【剪断线】工具 ✂ 、【转省】工具 🔲 、【橡皮擦】工具 ✏ 完成后裙片腰省合并转移，如图6-6（7）所示。

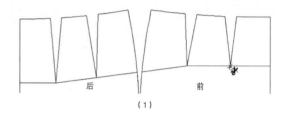

（1）

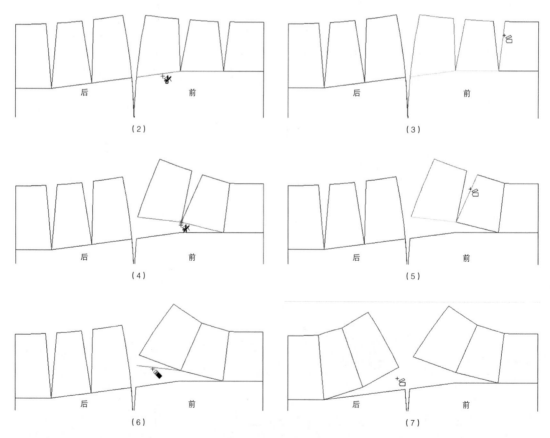

（2）

（3）

（4）

（5）

（6）

（7）

图6-6 合并前、后裙片腰省，做育克分割

（5）使用设计工具栏【智能笔】工具 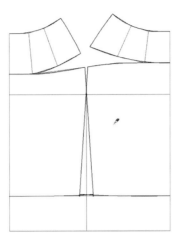、【调整】工具 完成育克分割裙外轮廓绘制，可使用设计工具栏【设置线的颜色类型】工具 将轮廓线设置为粗实线显示，如图6-7所示。

图6-7 育克分割裙外轮廓绘制

（6）使用设计工具栏【智能笔】工具 做前、后裙片纵向分割，如图6-8（1）所示。

使用设计工具栏【分割、展开、去除余量】工具 ，鼠标单击后裙片中缝线、侧缝线，鼠标单击右键结束，鼠标单击后裙片育克分割线、裙摆线、裙片分割线，将鼠标放置裙片左侧单单击右键结束，弹出【单向展开或去除余量】对话框，在【平均伸缩量】输入"2"，【处理方式】选择"顺滑连线"，如图6-8（2）所示。

前裙片分割展开处理方式同后裙片分割展开处理方式，如图6-8（3）所示。

> 注：使用设计工具栏【分割、展开、去除余量】工具 在单单击右键完成分割展开操作时，如纸样需在右侧展开，则应在纸样左侧单击鼠标右键结束。

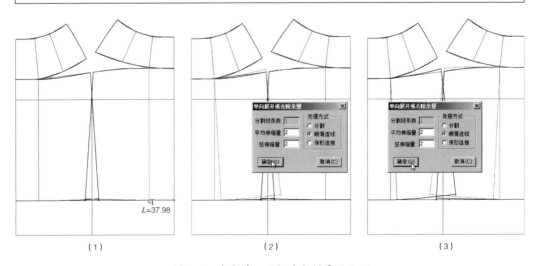

（1）　　　　　　　　　　（2）　　　　　　　　　　（3）

图6-8 完成前、后裙片分割展开处理

（7）使用设计工具栏【剪刀】工具 🪚 完成育克分割裙纸样提取，使用纸样工具栏【纸样对称】工具 🖼 将腰头、前后育克、前后裙片做纸样对称，使用纸样工具栏【加缝份】工具 📗 、【剪口】工具 🪚 完成纸样缝份加放及剪口标记，使用【布纹线】工具 📝 完成布纹线方向调整，通过界面右侧纸样栏完成【纸样资料】编辑，如图6-9（1）所示。

> 注：因裙摆折边两侧边线为斜线，在【加缝份】对话框中应选择折角处理方式，如图6-9（2）所示。

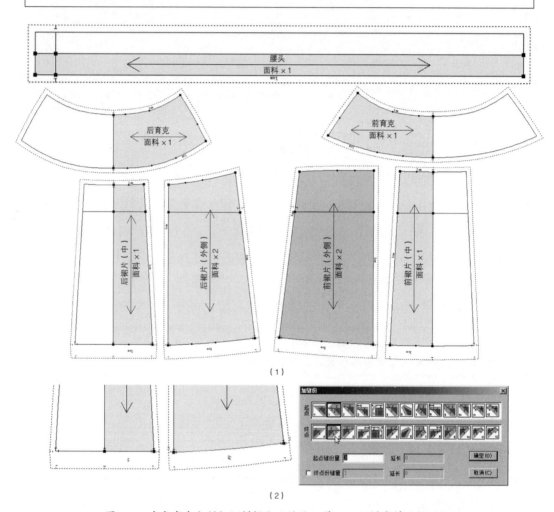

图6-9　完成育克分割裙纸样提取及缝份、剪口、纸样资料编辑处理

五、育克分割裙 CAD 纸样放码

（一）育克分割裙纸样放码量

育克分割裙纸样放码量如图6-10所示。

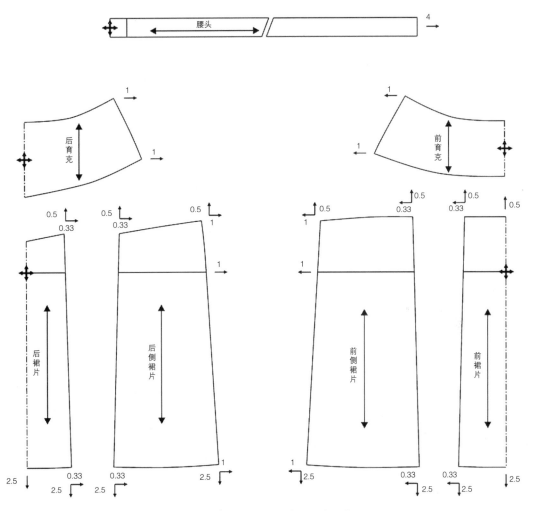

图6-10 育克分割裙纸样放码量示意图

（二）育克分割裙 CAD 纸样放码

（1）打开育克分割裙纸样设计文件，关闭【显示结构线】工具 ▦ 。使用纸样工具栏【选择纸样控制点】工具 ▨ ，选择纸样关键点，通过【点属性】对话框将纸样中关键点改为"放码点"，不参与放码的点通过【点属性】对话框将其"放码点"选项取消。选择菜单栏【选项】→【系统设置】→【开关设置】，关闭"显示缝份线""显示非放码点"，如图6-11所示。

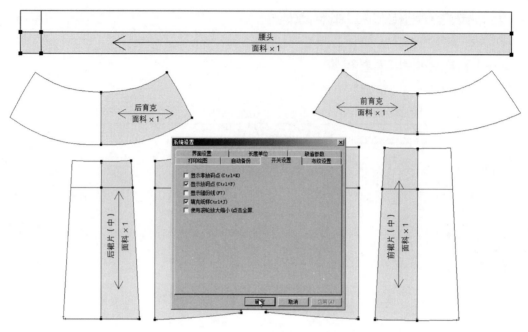

图 6-11 育克分割裙纸样点属性调整

（2）参考图6-10育克分割裙纸样放码量示意图，同第四章第二节修身型女衬衫纸样放码步骤、方法，综合使用【点放码表】内设工具，放码工具栏【拷贝点放码量】工具 ▓、【各码对齐】工具 ▓ 以及快捷工具栏【定型放码】工具 ▓ 等完成育克分割裙纸样放码，如图6-12所示。

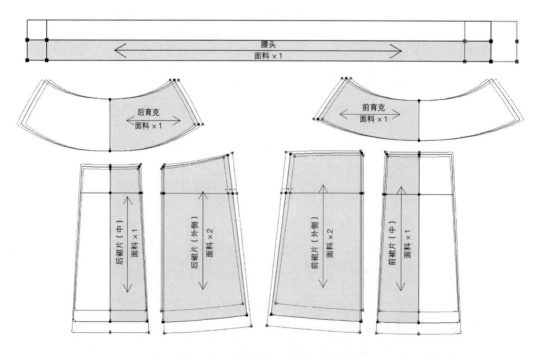

图 6-12 完成育克分割裙纸样放码

（3）选择菜单栏【选项】→【系统设置】→【开关设置】，打开"显示缝份线"，保存文件，如图6-13所示。

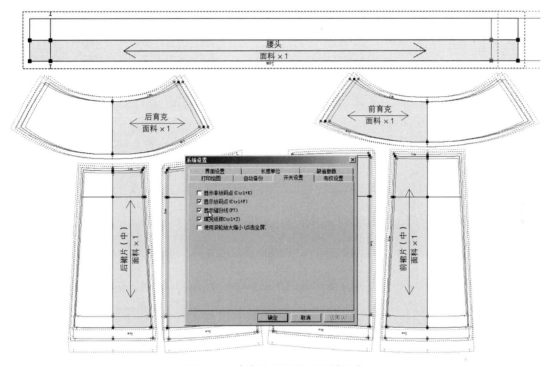

图6-13 育克分割裙放码纸样保存

六、育克分割裙CAD纸样排料与输出

以育克分割裙CAD纸样排料为例，重点介绍CAD排料系统"对格对条"功能使用方法，在排料前需针对育克分割裙CAD纸样，根据对格对条实际要求做好对格对条标记点设定。

（一）育克分割裙CAD纸样排料准备工作

（1）打开服装CAD排料系统，选择菜单栏【唛架】→【定义唛架】或单击快捷工具栏【新建】，弹出【唛架设定】对话框，在唛架【宽度】、【长度】项分别输入面料幅宽"1300"、幅长"5000"数据，根据面料实际情况完成唛架缩率及唛架边界等参数设定，单击【确定】，如图6-14所示。

（2）完成唛架基本参数设定，单击【确定】后，通过弹出【选取款式】对话框，单击【载入】，弹出【选取款式文档】对话框，选取"育克分割裙.dgs"文件，单击【打开】，如图6-15所示。

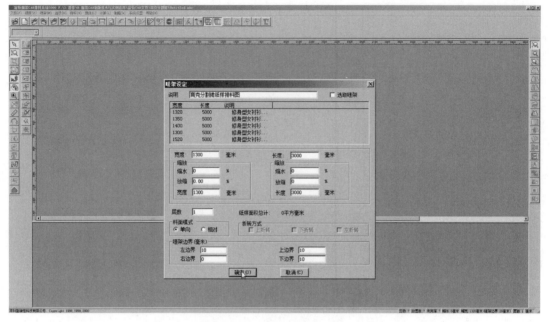

图 6-14　排料系统唛架设定

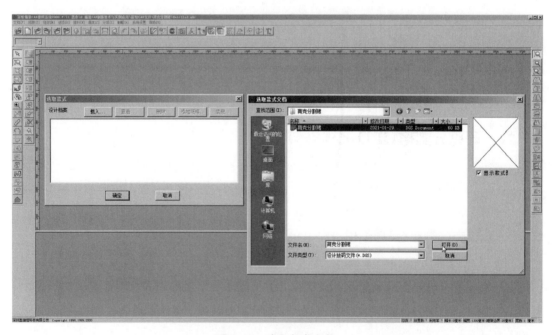

图 6-15　选取款式文档

（3）通过弹出【纸样制单】对话框，输入【订单】、【客户】、【款式名称】、【款式面料】等信息，以及完成"设置偶数纸样为对称属性"等设定，单击【确定】，如图6-16所示。

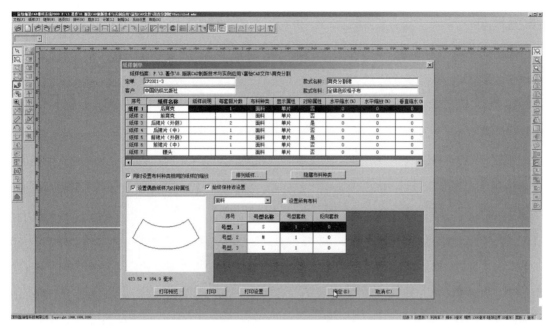

图6-16 纸样制单设定

（4）在【选取款式】对话框中单击【确定】，在排料系统中完成育克分割裙纸样导入，如图6-17所示。

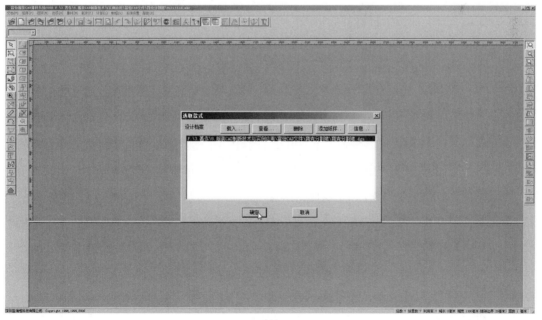

（1）

图6-17

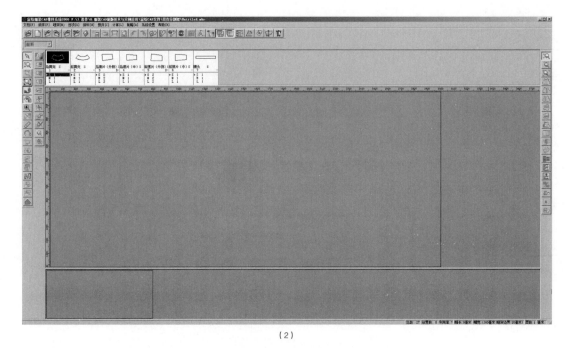

（2）

图6-17　排料系统中完成育克分割裙纸样导入

（二）育克分割裙CAD纸样排料操作

（1）基于育克分割裙纸样导入排料系统界面，在菜单栏【选项】中打开【对格对条】和【显示条格】，如图6-18（1）所示。

打开菜单栏【唛架】→【定义对格对条】，弹出【对格对条】对话框，单击【布料条格】，弹出【条格设定】对话框，根据面料实际进行条格宽度等设定，单击【确定】完成，如图6-18（2）所示。

排料系统衣板框中点选"后育克"纸样，单击【对格对条】对话框中【布料条格】项，在对话框中【图元】项通过【上一个】、【下一个】按键将【序号】设定为"1"，单击【对格标记】，弹出【对格标记】对话框，单击对话框中【增加】，弹出【增加对格标记】对话框，完成对格标记设定，如图6-18（3）（4）所示。

排料系统衣板框中点选"前育克"纸样，对格标记设定与"后育克"纸样对格标记设定方法相同。

排料系统衣板框中点选"后裙片（外侧）"纸样，同上述操作，完成"后裙片（外侧）"纸样对格标记设定，如图6-18（5）所示。

排料系统衣板框中点选"后裙片（中）"纸样，同上述操作，完成"后裙片（中）"纸样对格标记设定，如图6-18（6）所示。

排料系统衣板框中点选"前裙片（外侧）"纸样，同上述操作，完成"前裙片（外侧）"

纸样对格标记设定，如图6-18（7）所示。

　　排料系统衣板框中点选"前裙片（中）"纸样，同上述操作，完成"前裙片（中）"纸样对格标记设定，如图6-18（8）所示。

　　"腰头"纸样可不进行对格标记设定。

（1）

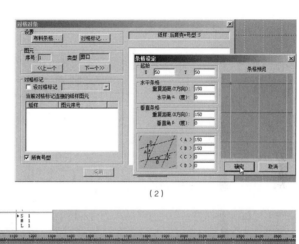

（2）

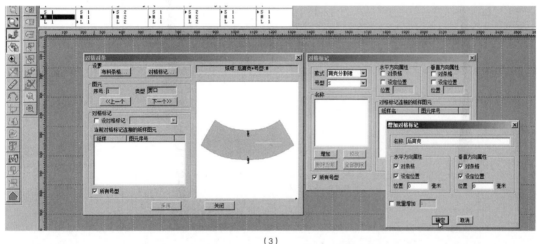

（3）

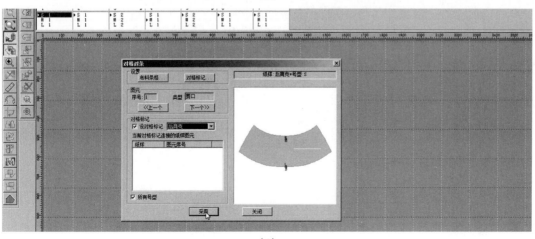

（4）

图 6-18

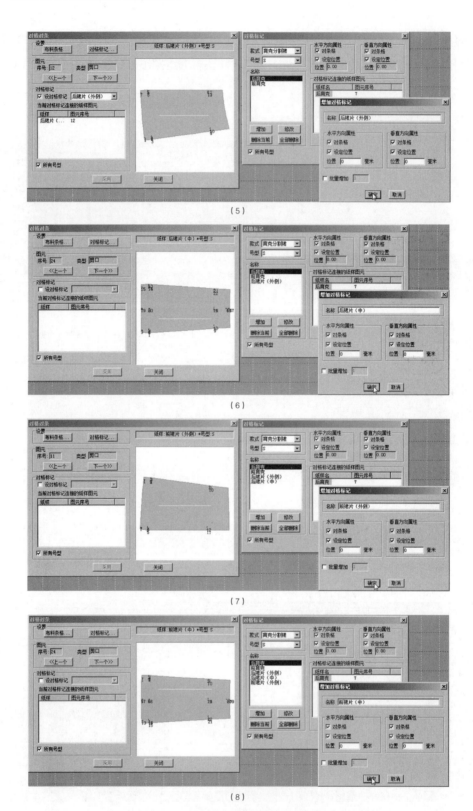

（5）

（6）

（7）

（8）

图6-18　育克分割裙纸样对条对格设定

（2）根据第五章富怡服装CAD纸样排料步骤和方法，完成育克分割裙纸样排料。根据前述完成的纸样对格标记设定，在排料过程中，相关纸样会基于标记设定点自动"吸附"到预设面料的条格点位上，如图6-19所示。

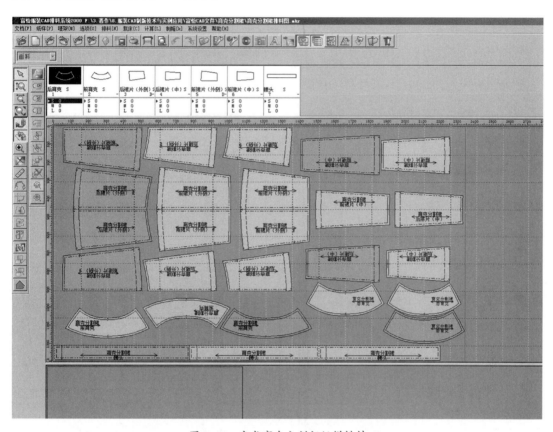

图6-19 完成育克分割裙纸样排料

（3）单击菜单栏【排料】→【排料结果】，弹出【排料结果】对话框，可检验是否有不成套纸样及面料利用率的信息，如图6-20所示。

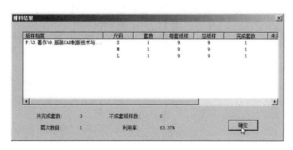

图6-20 排料结果检验

（4）单击快捷工具栏【保存】或菜单栏【保存】，弹出【另存唛架文档为】对话框，完成文件名称填写，保存类型为".mkr"，单击【保存】，如图6-21所示。

图 6-21　排料文件保存

（三）育克分割裙 CAD 纸样输出

（1）单击快捷工具栏【绘图】工具 ，弹出【绘图】对话框，单击【设置】，弹出【绘图仪】对话框，完成【当前绘图仪】、【输出到文件】等设置，单击【确定】，完成".plt"绘图文件保存，如图 6-22 所示。

图 6-22　绘图选项设置及".plt"绘图文件保存

（2）单击快捷工具栏【打印】工具 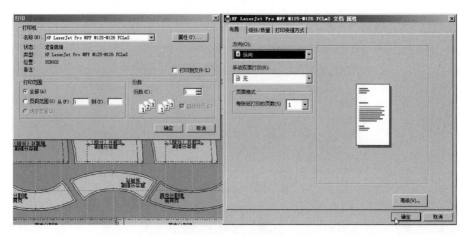，弹出【打印】对话框，选择已连接打印机类型，并完成【属性】选项内"纸张方向"等相关设定，单击【确定】，完成排料图打印，如图 6-23 所示。

图 6-23　排料图打印

第二节 基本型男裤装纸样设计

一、基本型男裤装款式特点

基本型男裤装，绱腰头，较贴体裤身，直筒造型，裤长及脚踝，前裤身腰口收双褶裥，后裤身腰口设双省，前腰侧缝处开斜插袋，后裤片设单嵌线挖袋，如图6-24所示。

二、基本型男裤装号型规格设计

以M码男下装号型180/84A为基本型男裤装纸样设计基码，具体部位规格尺寸见表6-2。

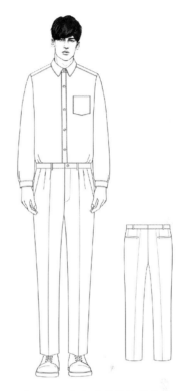

图6-24 基本型男裤装款式图

表6-2 基本型男裤装号型规格　　　　　　　　　　　　单位：cm

部位	裤长	臀围	腰围	上裆长	脚口宽
S	105	94	80	25.5	21
M	108	98	84	26	22
L	111	102	88	26.5	23
档差	3	4	4	0.5	1

三、基本型男裤装结构设计图

基本型男裤装纸样可作为男裤结构设计的基础纸样，采用基型法半身结构制图方式，如图6-25所示，"H"为净臀围+10cm松量、"W"为净腰围+1cm松量。

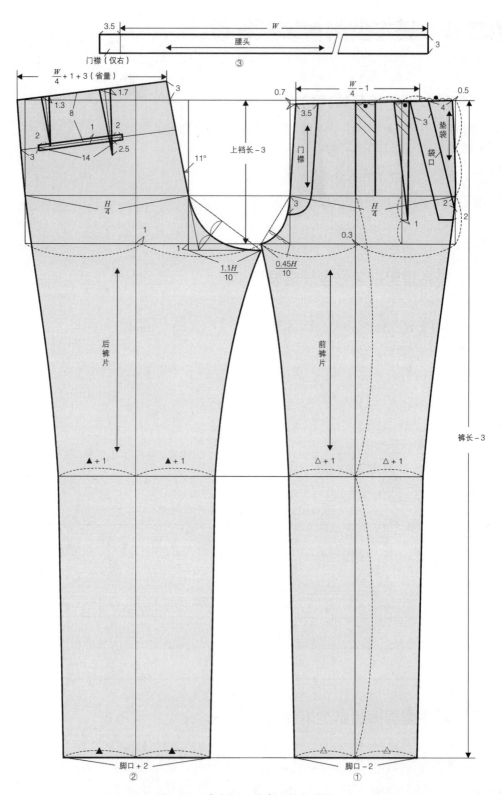

图6-25 基本型男裤装结构设计图

四、基本型男裤装CAD纸样设计

（1）进入"富怡设计与放码CAD系统"工作界面，单击【文档】菜单→【新建】，如图6-26所示。

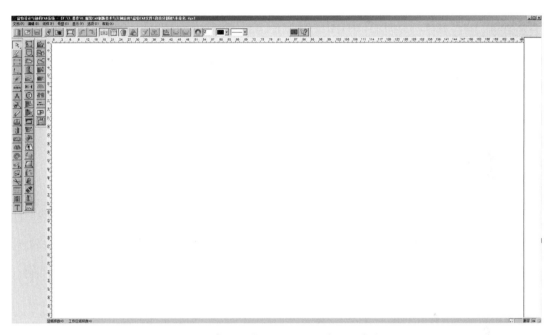

图6-26 富怡设计与放码CAD系统工作界面

（2）选择【号型】菜单→【号型编辑】，弹出【设置号型规格表】对话框。如图6-27所示，完成号型规格参数输入，设定M码为基本型男裤装纸样设计基码，【设置号型规格表】中S码、L码规格数据可通过指定【组内档差】方式完成设置，单击【存储】、【确定】。

图6-27 富怡设计与放码CAD系统设置号型规格表

（3）使用设计工具栏【智能笔】工具 ✎ 绘制矩形功能，完成基本型男裤装上裆、臀围部分基础框架设计，如图6-28（1）所示。

使用设计工具栏【智能笔】工具 水平/垂直状态“ ”，做大裆宽水平辅助线，如图6-28（2）所示。

基于大裆宽，使用设计工具栏【智能笔】工具 水平/垂直状态“ ”，做小裆宽水平辅助线，如图6-28（3）所示。

使用设计工具栏【移动】工具 “ ”，拷贝上裆、臀围部分基础框架，粘贴至小裆宽水平辅助线右侧端点，如图6-28（4）所示。

使用设计工具栏【等分规】工具 正向等分状态“ ”，完成前、后裤片横裆二等分，如图6-28（5）所示。

使用设计工具栏【等分规】工具 反向等分状态“ ”，做后裤片横裆中点的两侧等分，如图6-28（6）所示。

使用设计工具栏【智能笔】工具 水平/垂直状态“ ”，过上裆下三分之一点做臀围水平辅助线，如图6-28（7）所示。

使用设计工具栏【智能笔】工具 水平/垂直状态“ ”及其延长线功能，完成烫迹线绘制，并确定裤长，如图6-28（8）所示。

使用设计工具栏【等分规】工具 正向等分状态“ ”，完成前、后裤片膝围点设定，如图6-28（9）所示。

使用设计工具栏【智能笔】工具 水平/垂直状态“ ”，做前、后裤片脚口线、膝围线，如图6-28（10）所示。

使用设计工具栏【智能笔】工具 斜线/曲线状态“ ”，完成基本型男裤装基本框架结构设计，如图6-28（11）所示。

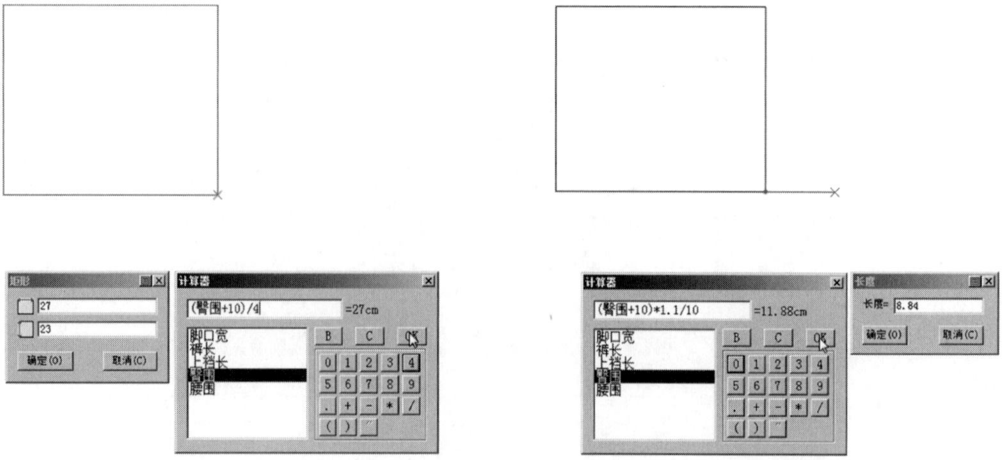

（1）　　　　（2）

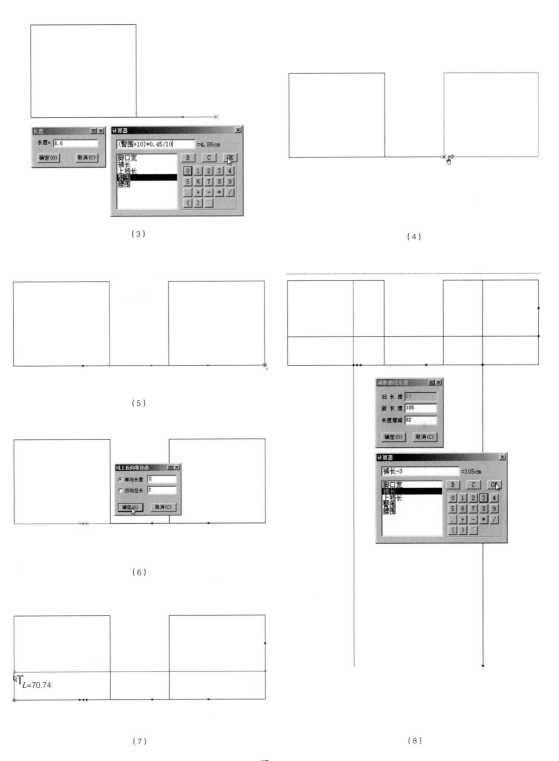

图 6-28

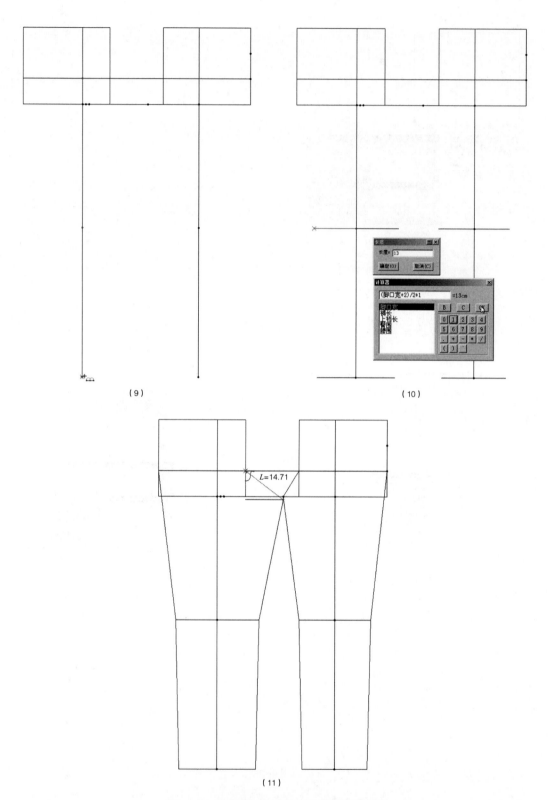

（9）

（10）

（11）

图6-28 基本型男裤装基本框架结构设计

（4）使用设计工具栏【角度线】工具 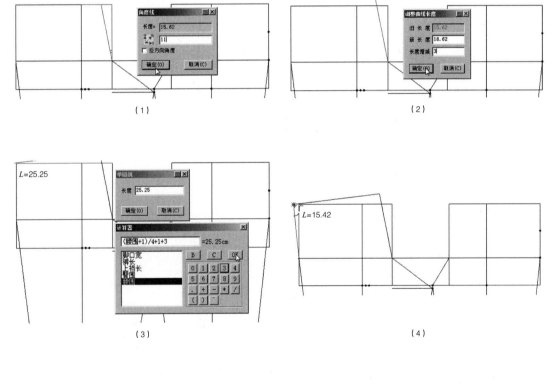，完成后裆斜角度及后裆斜线设定，如图6-29（1）所示。

使用设计工具栏【智能笔】工具 ，延长线功能，做后裆斜线起翘量设定，如图6-29（2）所示。

过后裆斜线起翘点，使用设计工具栏【圆规】工具 做后裤片腰围线，如图6-29（3）所示。

使用设计工具栏【智能笔】工具 ，连接后裤片侧缝腰臀辅助线，如图6-29（4）所示。

使用设计工具栏【智能笔】工具 ，完成前裤片前裆中线、侧缝线及腰围线绘制，如图6-29（5）所示。

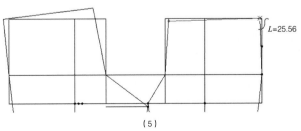

图6-29　完成上裆框架结构设计

（5）将线段类型设定为粗实线，使用设计工具栏【智能笔】工具 ✐、【设置线的颜色类型】工具 ▦，完成基本型男裤装轮廓线绘制，如图6-30所示。

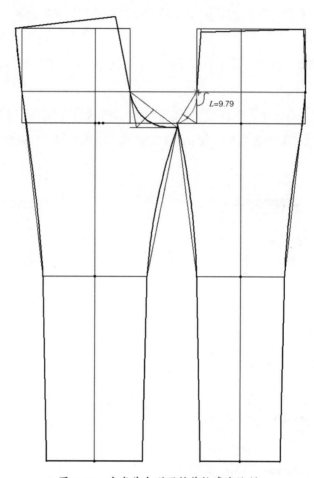

L=9.79

图6-30　完成基本型男裤装轮廓线绘制

（6）使用设计工具栏【智能笔】工具 ✐ 区间平行线功能，做距后裤片腰围8cm平行线，设为后裤片嵌线袋位线，如图6-31（1）所示。

使用设计工具栏【剪断线】工具 ✂，将后裤片嵌线袋位线剪断，距侧缝线3cm，距后裆斜线14cm，完成袋口尺寸设定，如图6-31（2）所示。

使用设计工具栏【智能笔】工具 ✐ 平行线功能，做袋口上、下平行线，设袋牙宽1cm，如图6-31（3）所示。

使用【角度线】工具 ✐，基于后袋袋口做垂线交于腰围线，设为后裤片省位线，如图6-31（4）所示。

使用设计工具栏【智能笔】工具 ✐ 延长线功能，将右侧省位线延长2.5cm，如图6-31（5）所示。

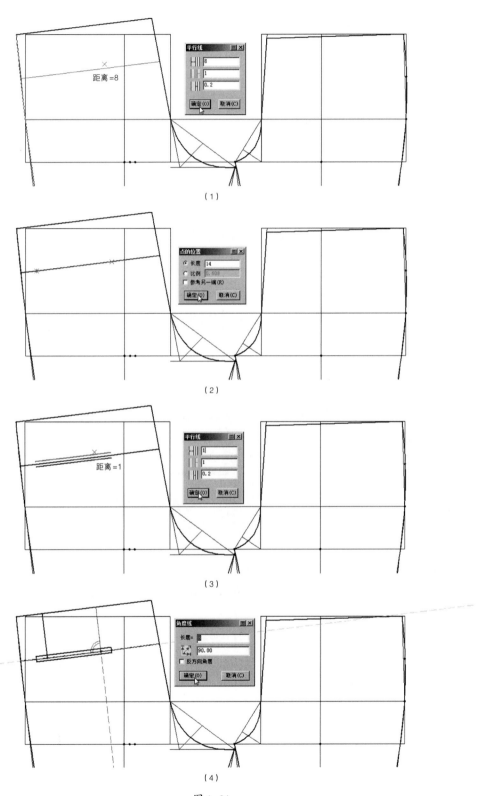

（1）

（2）

（3）

（4）

图 6-31

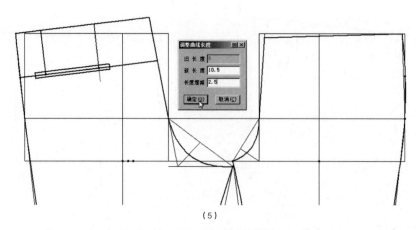

（5）

图6-31 后裤片嵌线袋及省位设计

（7）使用设计工具栏【智能笔】工具 ，做前裤片腰围围度标记，并将腰围余量做五等分，如图6-32（1）（2）所示。

参考图6-25基本型男裤装结构设计图，使用设计工具栏【智能笔】工具 ，完成前裤片省褶及斜插袋口位设定，如图6-32（3）（4）所示。

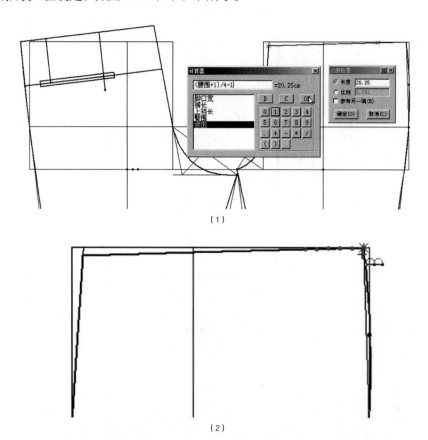

（1）

（2）

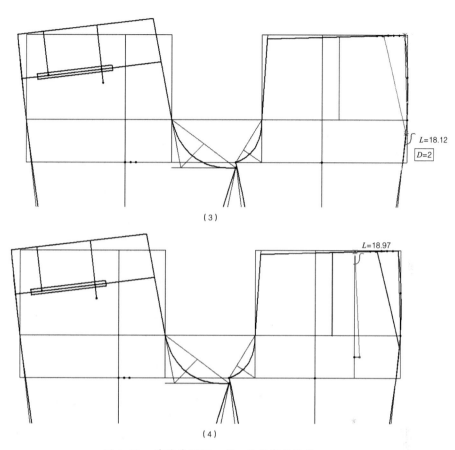

（3）

L=18.97

（4）

图6-32 前裤片褶裥、省、斜插袋位设计

（8）使用设计工具栏【智能笔】工具 ✐ 区间平行线功能，完成前门襟宽度设定，如图6-33（1）所示。

使用设计工具栏【智能笔】工具 ✐ 完成门襟弯势绘制，如图6-33（2）所示。

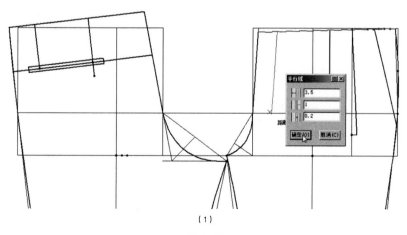

（1）

图6-33

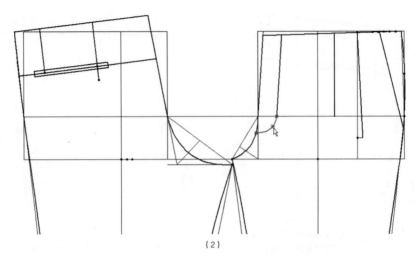

（2）

图6-33　前裤片门襟设计

（9）使用设计工具栏【智能笔】工具 ✐ 完成腰头绘制，如图6-34所示。

$L=3$

图6-34　腰头结构设计

（10）使用设计工具栏【剪刀】工具 ✂，提取基本型男裤装基础纸样，并使用【加缝份】、【剪口】、【布纹线】工具，完成纸样缝份加放、布纹线调整、剪口标记，通过衣板框完成纸样信息编辑，如图6-35所示。

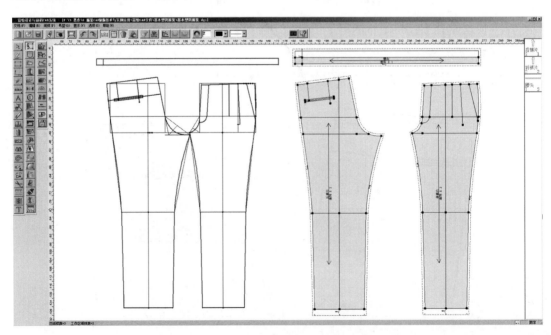

图6-35　基础纸样提取编辑及加放缝份、剪口标记

五、基本型男裤装CAD纸样放码

（一）基本型男裤装纸样放码量

基本型男裤装纸样放码量如图6-36所示。

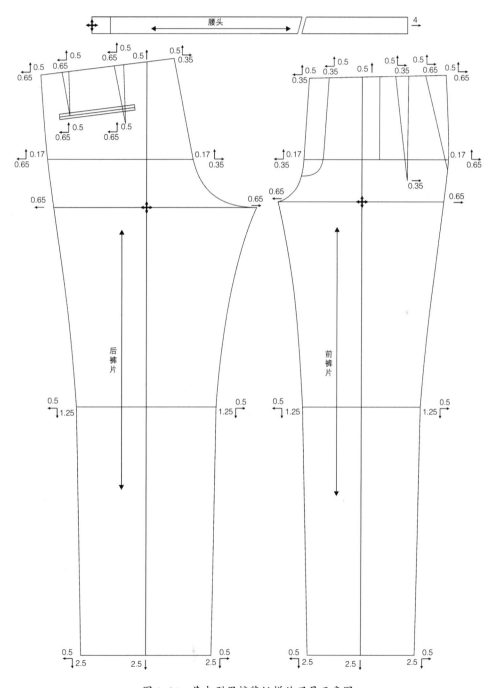

图6-36　基本型男裤装纸样放码量示意图

（二）基本型男裤装CAD纸样放码

（1）参考图6-36基本型男裤装纸样放码量示意图，使用快捷工具栏【点放码表】完成基本型男裤装纸样基础型放码，如图6-37所示。

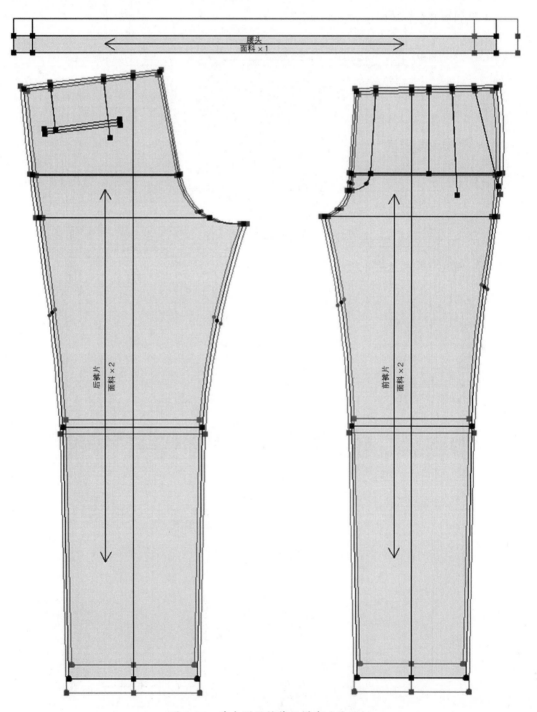

图6-37　基本型男裤装纸样基础放码

（2）使用【智能笔】工具 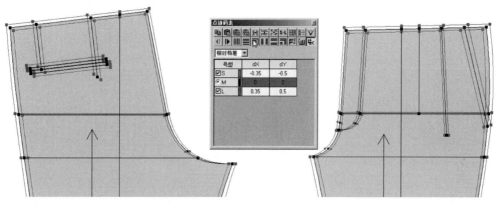 边线靠齐功能，将前、后裤片省褶线、烫迹线、门襟线靠齐到腰围线上，使用快捷工具栏【点放码表】完成袋口、袋位、省褶、门襟放码，如图6-38所示。

> 注：可充分利用【点放码表】中【拷贝】、【粘贴】、【取反】等工具。

图6-38　基本型男裤装纸样门襟、省褶位、袋位等放码

（3）使用纸样工具栏【V形省】工具 ，鼠标单击省位线，弹出【尖省】对话框，如图6-39（1）所示，完成省宽 W、省长 D 的设定，并输入，单击【确定】。

调整腰口弧线至顺畅，如图6-39（2）所示。

使用快捷工具栏【点放码表】、【拷贝】、【粘贴】工具，调整省边点放码量，如图6-39（3）所示。

使用【智能笔】工具 边线靠齐功能，将左侧省位线靠齐到腰围线，如图6-39（4）所示。

后裤片左侧腰省、前裤片腰省加放及放码同上述操作。

使用纸样工具栏【褶】工具 ，鼠标单击前裤片褶位线，单击鼠标右键弹出【褶】对话框，如图6-39（5）（6）所示，完成前裤片裤褶设定。

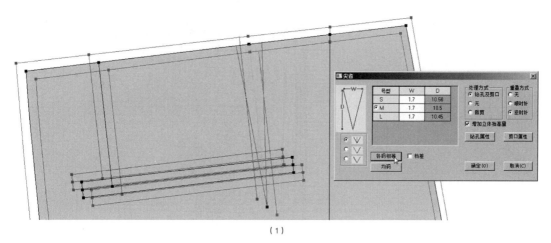

(1)

图6-39

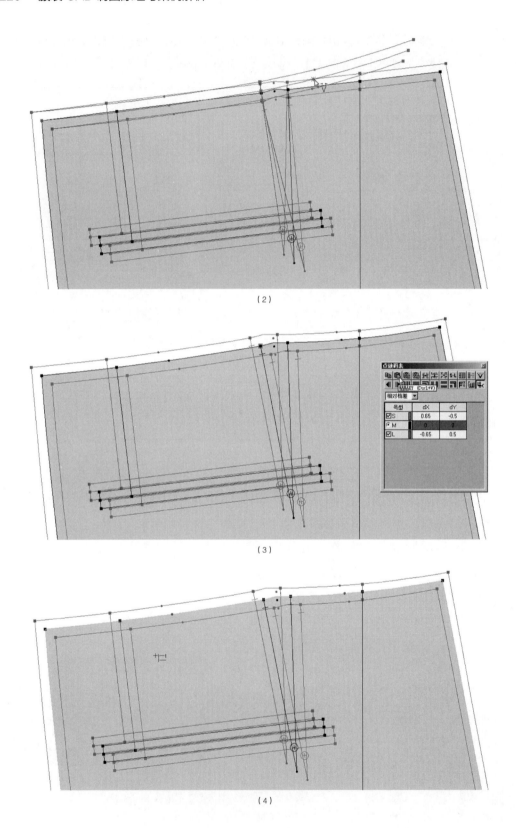

（2）

（3）

（4）

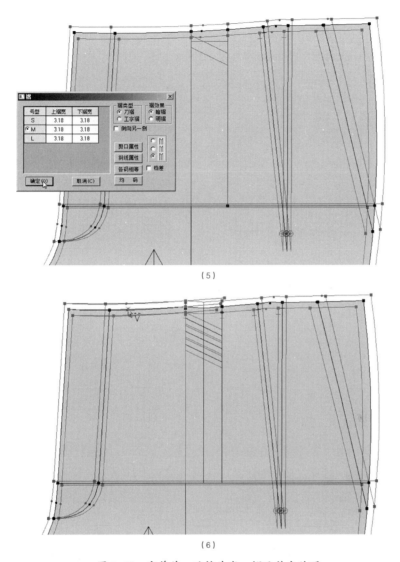

图 6-39　完善前、后裤片省、褶及补充放码

（4）使用纸样工具栏【分割纸样】工具 🔖 ，将前裤片袋口处做剪口，如图 6-40（1）所示。

复制前裤片，使用设计工具栏【剪断线】工具 ✂ 将两段门襟线做拼接，再使用纸样工具栏【分割纸样】工具 🔖 将门襟剪出，单击键盘【Ctrl+D】键，将多余裤片删除，完成门襟提取，如图 6-40（2）（3）所示。

使用纸样工具栏【做衬】工具 📋 ，鼠标单击前裤片袋口边线，弹出【衬】对话框，在【折边距离】项输入"3"，单击【确定】，完成袋口贴边提取，如图 6-40（4）所示。

使用纸样工具栏【加缝份】工具完成袋口贴边及垫袋缝份加放，如图 6-40（5）所示。

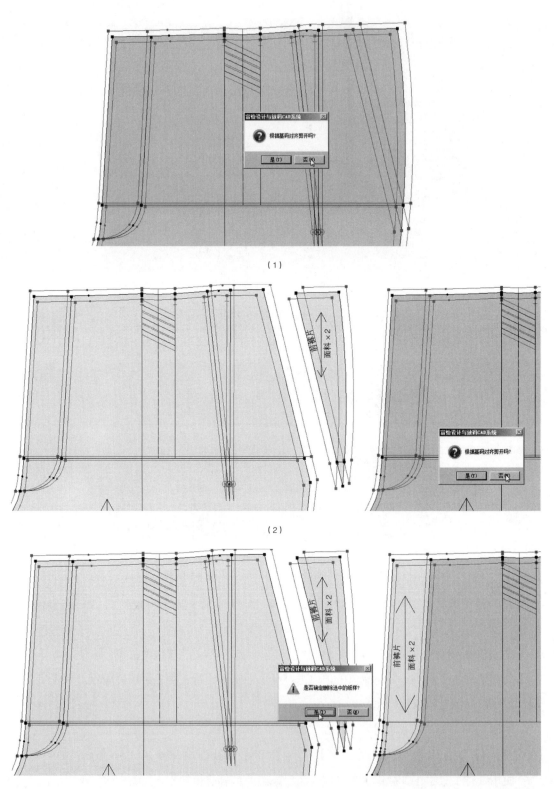

（1）

（2）

（3）

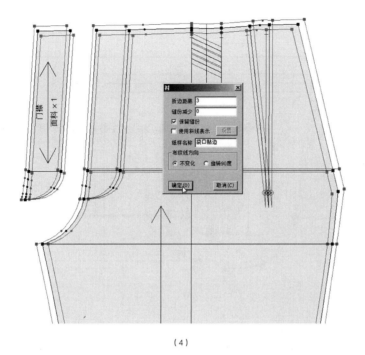

（4）

（5）

图 6-40　制作前裤片门襟、插袋垫袋及袋口贴边

（5）补充完成门里襟、后袋垫袋及袋牙纸样设计与放码，如图6-41所示。

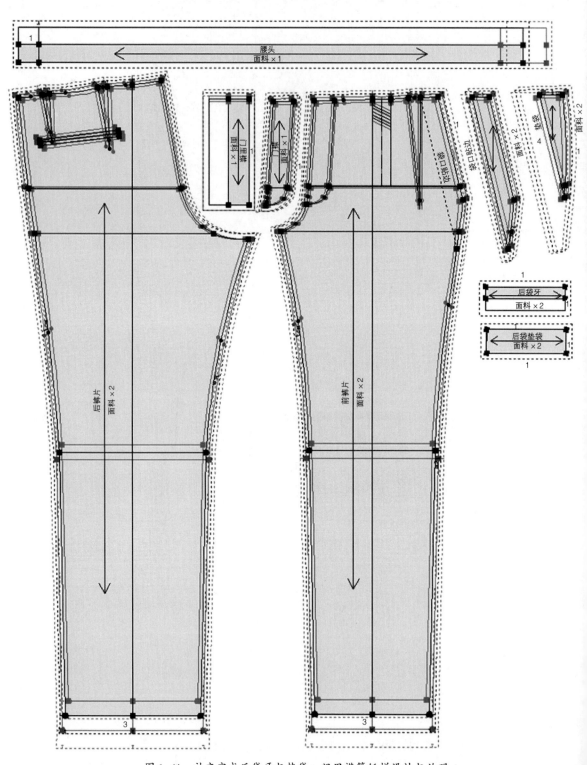

图6-41　补充完成后袋牙与垫袋、门里襟等纸样设计与放码

六、基本型男裤装CAD纸样排料与输出

（一）基本型男裤装CAD纸样排料准备工作

（1）打开服装CAD排料系统，选择菜单栏【唛架】→【定义唛架】或单击快捷工具栏【新建】，弹出【唛架设定】对话框，在唛架【宽度】、【长度】项分别输入面料幅宽"1500"、幅长"5000"数据，根据面料实际情况完成唛架缩率及唛架边界等参数设定，单击【确定】，如图6-42所示。

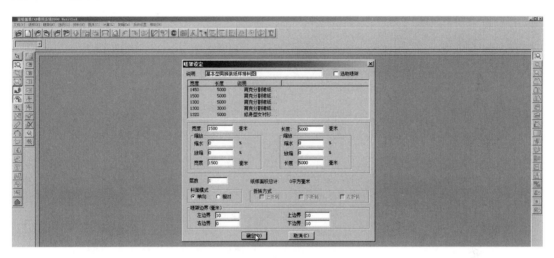

图6-42 排料系统唛架设定

（2）完成唛架基本参数设定，单击【确定】后，通过弹出【选取款式】对话框，单击【载入】，弹出【选取款式文档】对话框，选取"基本型男裤装.dgs"文件，单击【打开】，如图6-43所示。

图6-43 选取款式文档

（3）通过弹出【纸样制单】对话框，输入【订单】、【客户】、【款式名称】、【款式面料】等信息，以及完成【设置偶数纸样为对称属性】等设定，单击【确定】，如图6-44所示。

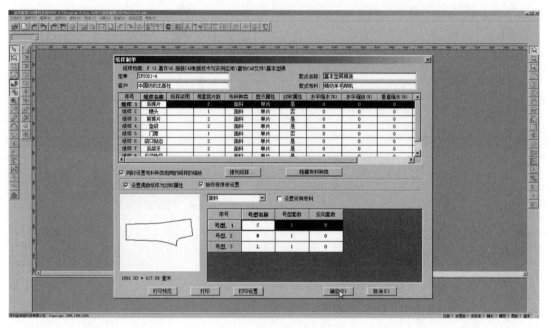

图6-44　纸样制单设定

（4）在【选取款式】对话框中单击【确定】，在排料系统中完成基本型男裤装纸样导入，如图6-45所示。

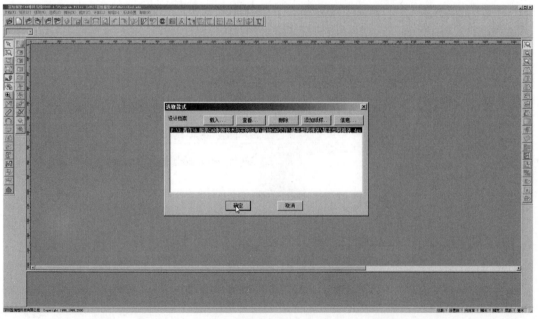

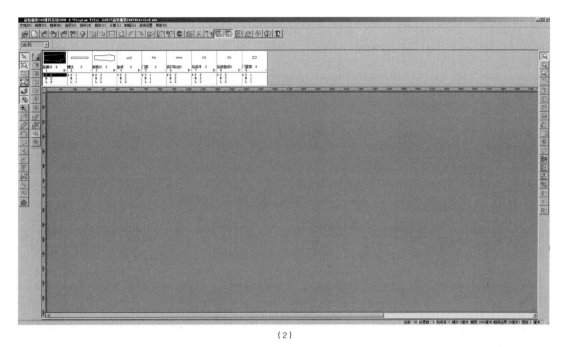

（2）

图6-45　排料系统中完成基本型男裤装纸样导入

（二）基本型男裤装CAD纸样排料操作

（1）鼠标单击排料系统快捷工具栏【纸样资料】工具 ，通过【纸样总体资料】对话框完成【虚位】参数设定，单击【采用】,【关闭】对话框，以追加裁剪刀口损耗，如图6-46所示。

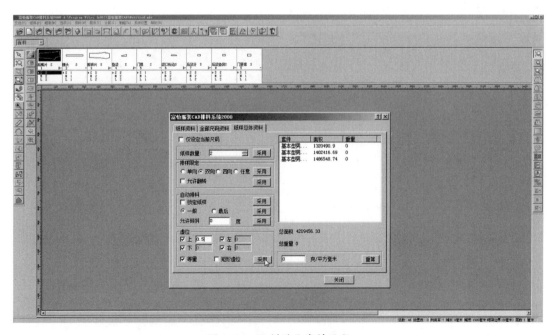

图6-46　纸样总体资料设定

（2）鼠标单击快捷工具栏【参考唛架】工具 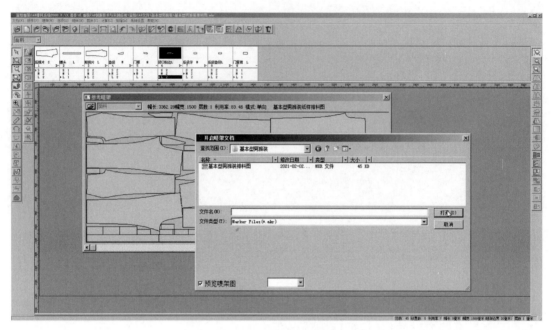，可调入已完成相似排料图作为基本型男裤装纸样排料参考，如图6-47所示。

图6-47　调入参考唛架

（3）参考唛架排料图，排料操作步骤与方法（同前述相关章节），完成基本型男裤装纸样排料并保存排料文件，如图6-48所示。

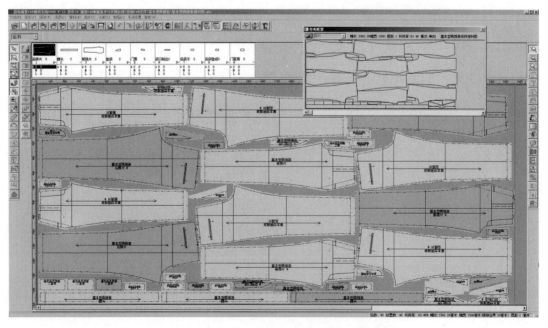

图6-48　参考唛架完成基本型男裤装纸样排料

（三）基本型男裤装CAD纸样输出

基本型男裤装CAD纸样输出步骤与方法同前述相关章节。

第三节　平驳领男西装纸样设计

一、平驳领男西装款式特点

平驳领男西装修身型衣身结构，平驳领，单排两粒扣，圆形摆角，衣长过臀至臀底沟，三开身衣身结构，设腰省、肋下省，腰节下约8cm位置设双嵌线挖袋，加袋盖，合体两片袖结构形式，后袖口处设袖开衩，如图6-49所示。

二、平驳领男西装号型规格设计

以M码男上装号型180/96A为平驳领男西装纸样设计基码，具体部位规格尺寸见表6-3。

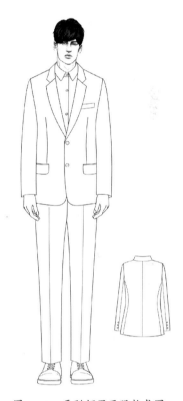

图6-49　平驳领男西服款式图

表6-3　平驳领男西装号型规格　　　　单位：cm

部位	衣长	胸围	腰围	背长	臂长
S	76	92	80	44.5	57
M	78	96	84	45	58.5
L	80	100	88	45.5	60
档差	2	4	4	0.5	1.5

三、平驳领男西装结构设计图

基本型男上装衣身纸样作为平驳领男西装结构设计的基础纸样，采用基型法半身结构制图方式，如图6-50~图6-54所示。

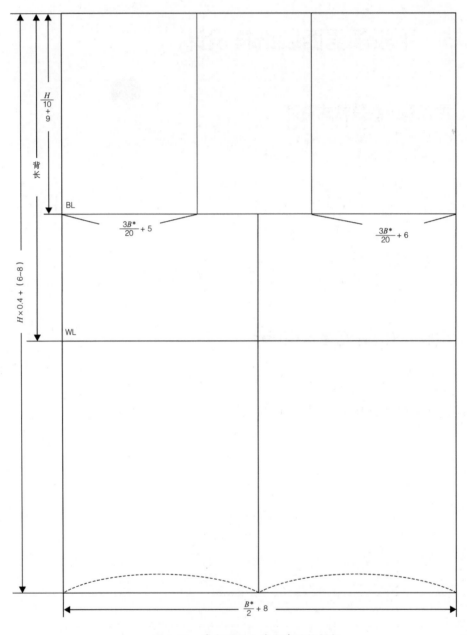

图6-50　基本型男上装衣身结构框架

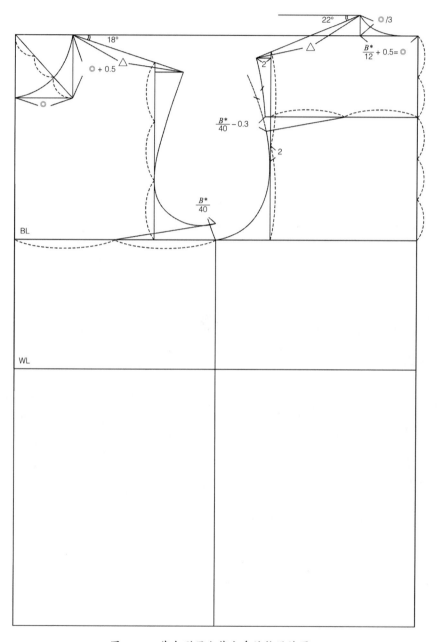

图 6-51 基本型男上装衣身结构设计图

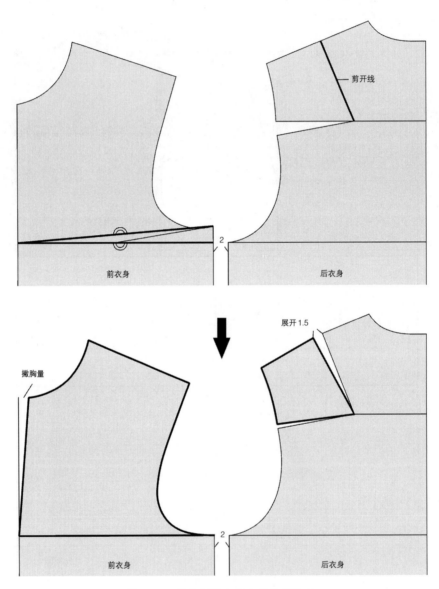

图 6-52　基本型男上装衣身转省处理

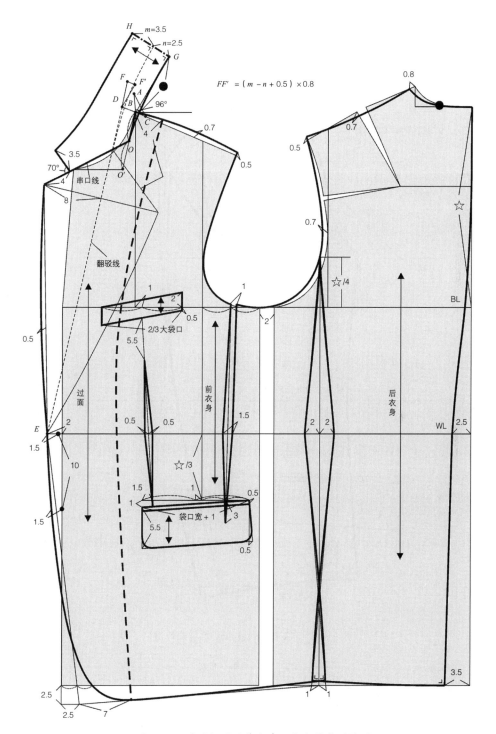

图 6-53　平驳领男西装衣身、衣领结构设计图

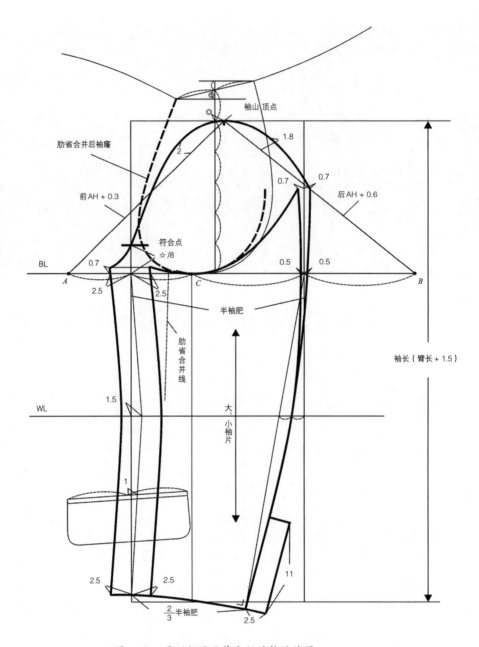

袖山顶点

肋省合并后袖窿

1.8

前 AH + 0.3

0.7

0.7

后 AH + 0.6

符合点
☆/8

BL

0.7

0.5

0.5

A

2.5

2.5

C

B

半袖肥

肋省合并线

袖长（臂长 + 1.5）

WL

1.5

大、小袖片

1

2.5

2.5

11

$\frac{2}{3}$半袖肥

2.5

图 6-54　平驳领男西装衣袖结构设计图

四、平驳领男西装 CAD 纸样设计

（一）基本型男上装衣身 CAD 纸样设计

（1）使用设计工具栏【智能笔】工具 ✍ 完成基本型男上装衣身框架结构设计，如图 6-55 所示。

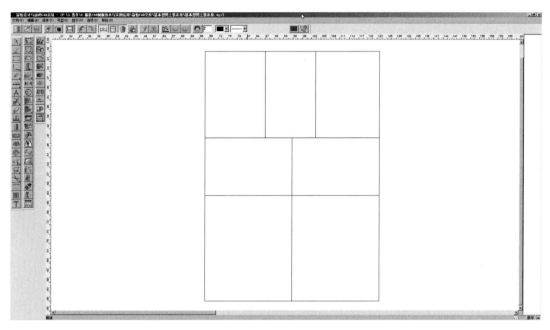

图6-55　基本型男上装衣身框架结构设计

（2）综合使用设计工具栏【智能笔】、【等分规】、【角度线】、【比较长度】、【调整】等工具，完成基本型男上装衣身结构设计，如图6-56所示。

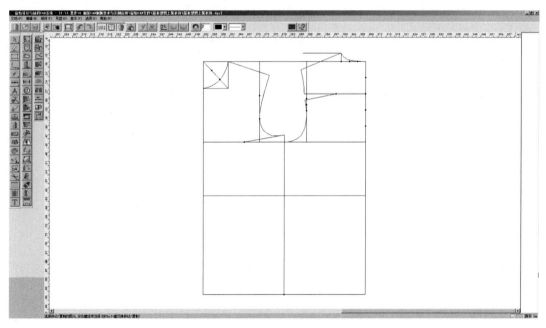

图6-56　基本型男上装衣身结构设计

（3）使用设计工具栏【调整】工具 ✐ →【合并调整】工具 ✈ ，鼠标左键选取后衣身两段需修改的袖窿弧线，单击鼠标右键结束，再鼠标左键选择两段省边线，单击鼠标右键结束，弹出【合并调整】对话框，选择"自动顺滑"或"手动保形"，完成袖窿弧线的合并调整，单击鼠标右键结束，如图6-57所示。

> 注：选取和修改弧线及合并线段应有先后顺序，本操作为先选取下段袖窿弧线，再选取上段袖窿弧线，合并线段也要先下后上。

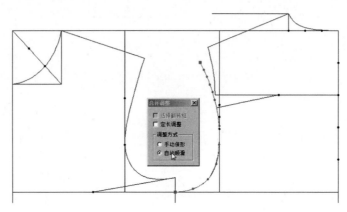

图6-57　后袖窿弧线合并调整

（4）将完成基本型男上装衣身纸样保存为".dgs"格式文件备用。

（二）平驳领男西装衣身、衣领CAD纸样设计

（1）打开基本型男上装衣身纸样CAD文件，综合使用设计工具栏【剪断线】、【橡皮擦】工具将多余点、线擦除，使用设计工具栏【移动】工具 "＋" 将前、后衣身展开2cm，如图6-58所示。

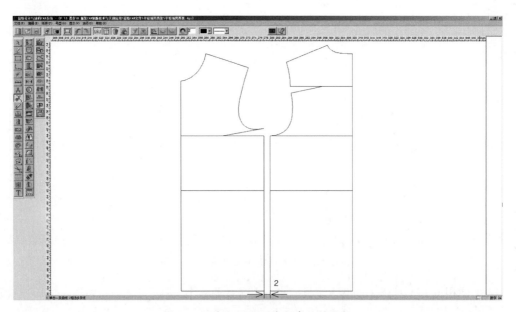

图6-58　基本型男上装衣身纸样准备

（2）参考图6-52基本型男上装衣身转省处理，使用设计工具栏【旋转】工具 ""
完成衣身转省处理，如图6-59（1）所示。

使用设计工具栏【橡皮擦】工具 擦除前衣身遗留省边线，使用设计工具栏【智能笔】
工具 补画肩省边线，如图6-59（2）所示。

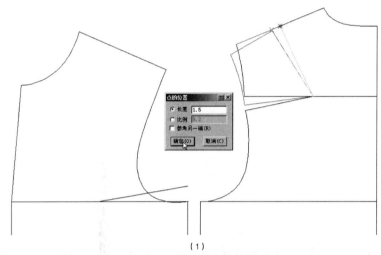

（1）

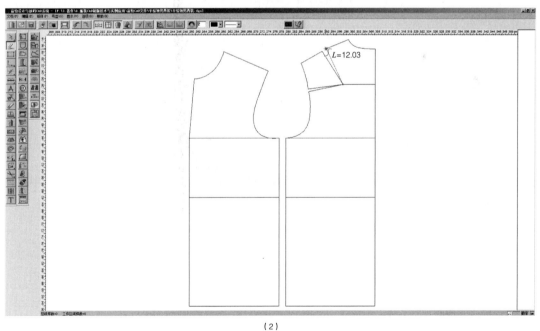

（2）

图6-59　基本型男上装衣身转省处理

（3）参考图6-53平驳领男西装衣身、衣领结构设计，综合使用设计工具栏【智能笔】【等
分规】、【调整】、【角度线】、【圆规】等工具，完成平驳领男西装衣身廓型、衣领纸样设计，如
图6-60所示。

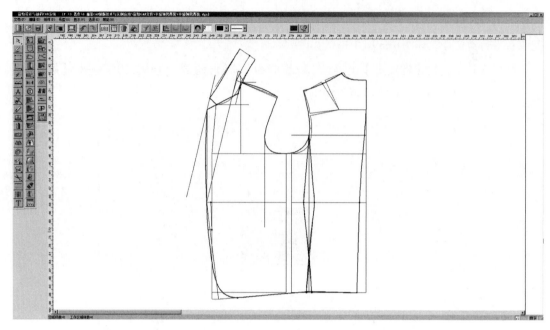

图6-60 平驳领男西装衣身廓型、衣领纸样设计

（4）综合使用设计工具栏【等分规】、【智能笔】、【剪断线】、【调整】工具，完成袖窿弧肋省省位设定及袖窿弧微调，如图6-61所示。

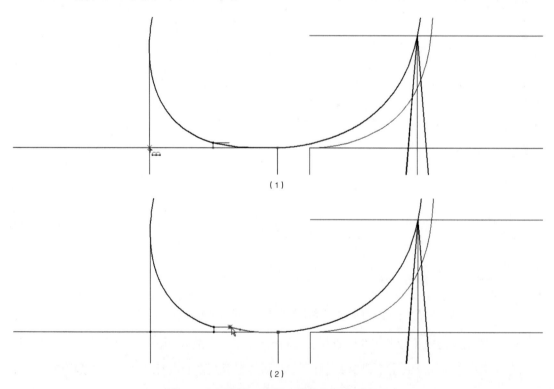

（1）

（2）

图6-61 袖窿弧肋省省位设定及袖窿弧微调

（5）使用设计工具栏【移动】工具 ，将衣身袖窿弧线、胸围线、腰围线、侧缝线做移出复制，如图6-62（1）所示。

使用设计工具栏【移动】工具 ，将后袖窿弧线、侧缝线对合至前袖窿弧线肋省点，完成配袖准备工作，如图6-62（2）所示。

参考图6-54平驳领男西装衣袖结构设计，综合使用设计工具栏【智能笔】、【等分规】、【调整】、【角度线】、【圆规】等工具，完成平驳领男西装衣袖、领纸样设计，如图6-62（3）所示。

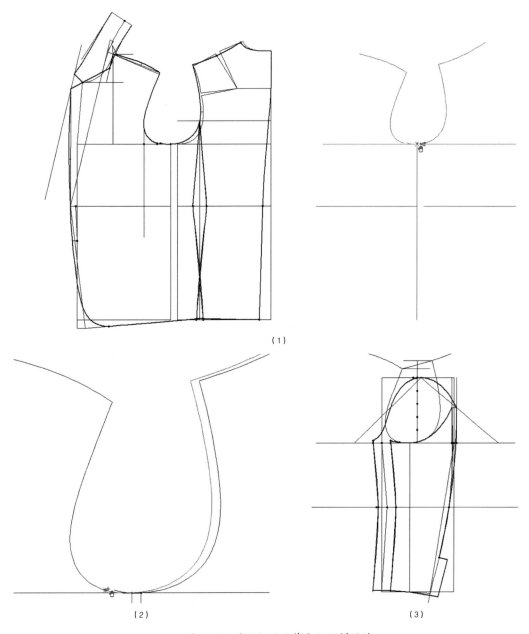

图6-62　平驳领男西装衣袖纸样设计

（6）确定衣袖袖口宽度，综合使用设计工具栏【智能笔】、【等分规】、【调整】等工具，完成前衣身手巾袋、大袋及胸省、肋省设定，如图6-63所示。

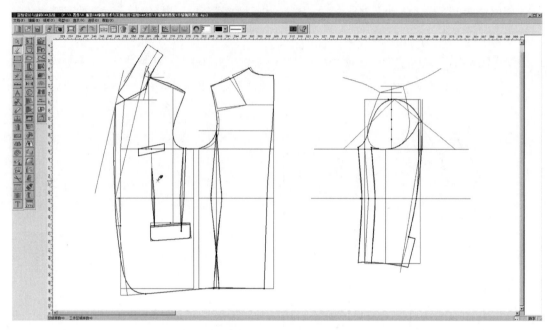

图6-63　前衣身手巾袋、大袋及胸省、肋省设定

（7）使用设计工具栏【圆角】工具 ，将大袋盖做圆角处理，如图6-64所示。

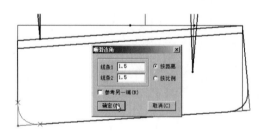

图6-64　大袋盖圆角处理

（8）使用设计工具栏【收省】工具 →【加省山】工具 ，添加肋省省山，如图6-65所示。

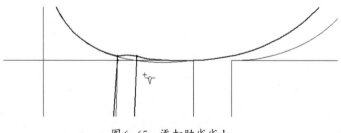

图6-65　添加肋省省山

（9）使用设计工具栏【智能笔】、【调整】工具完成前衣身过面绘制，如图6-66所示。

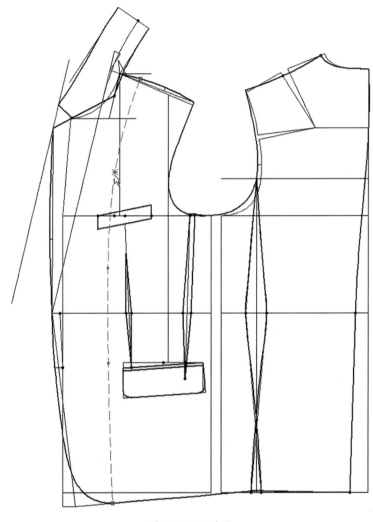

图6-66　做过面

（10）使用设计工具栏【剪刀】工具 提取平驳领男西装衣身、衣领、衣袖纸样，使用纸样工具栏【加缝份】工具 完成平驳领男西装衣身、衣领、衣袖纸样缝份加放，使用纸样工具栏【剪口】工具 完成平驳领男西装衣身、衣领、衣袖纸样剪口标注，使用纸样工具栏【布纹线】工具 调整平驳领男西装衣身、衣领、衣袖纸样纱向方向，通过衣板框完成纸样信息编辑，如图6-67（1）所示。

在菜单栏【选项】→【系统设置】→【开关设置】勾选"显示非放码点"。

> 注：纸样转角缝份加放需根据实际情况做特定转角处理，如图6-67（2）（3）所示。

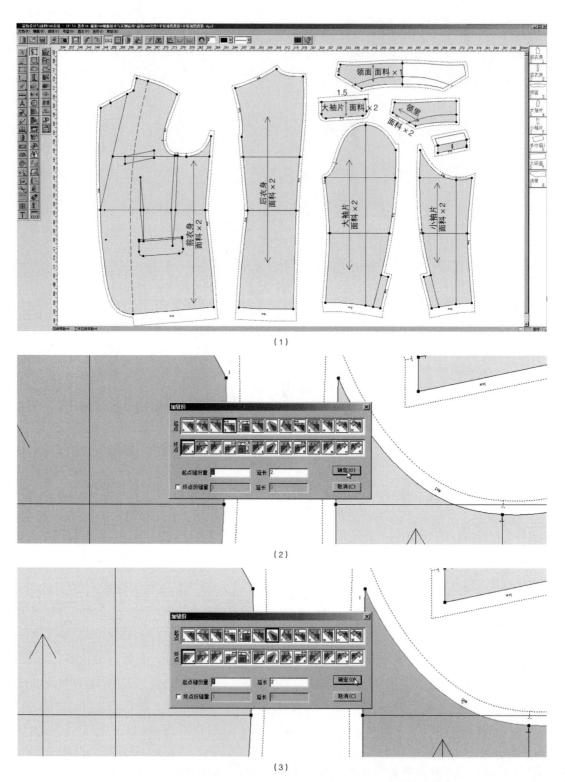

（1）

（2）

（3）

图6-67　平驳领男西装纸样提取及放码点调整、缝份加放、剪口标注

五、平驳领男西装CAD纸样放码

（一）平驳领男西装纸样放码量

平驳领男西装纸样放码量如图6-68、图6-69所示。

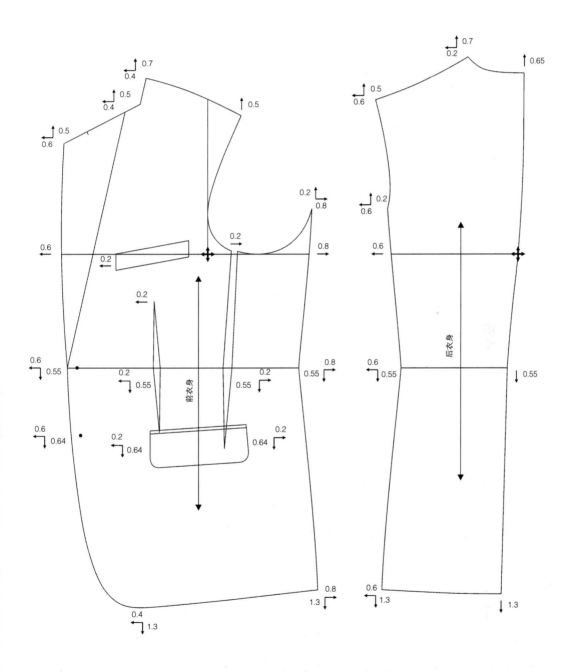

图6-68 平驳领男西装衣身纸样放码量示意图

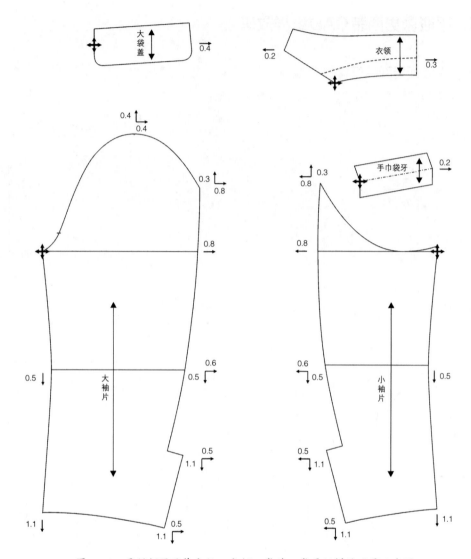

图6-69 平驳领男西装衣袖、衣领、袋盖、袋牙纸样放码量示意图

（二）平驳领男西装CAD纸样放码

（1）选择菜单栏【选项】→【系统设置】→【开关设置】，关闭"显示缝份线"。

参考图6-68平驳领男西装衣身纸样放码量示意图和图6-69平驳领男西装衣袖、衣领、袋盖、袋牙纸样放码量示意图，同第四章第二节修身型女衬衫纸样放码步骤、方法，综合使用【点放码表】内设工具、放码工具栏【拷贝点放码量】和【各码对齐】工具以及快捷工具栏【定型放码】工具等，完成平驳领男西装纸样CAD放码，如图6-70所示。

（2）使用【移动纸样】工具 ✋ ，分别选取前衣身、后衣身、大袖片、小袖片、大袋盖纸样，通过键盘【Ctrl+C】（拷贝）、【Ctrl+V】（粘贴）键，完成纸样复制，如图6-71所示。

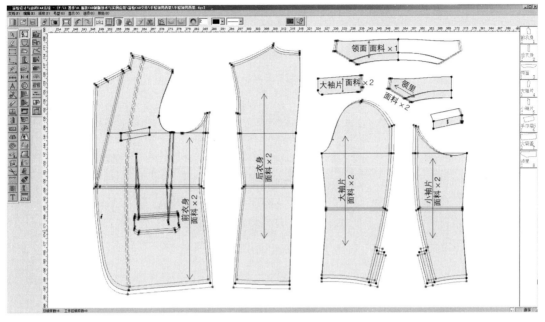

图6-70　平驳领男西装纸样CAD放码

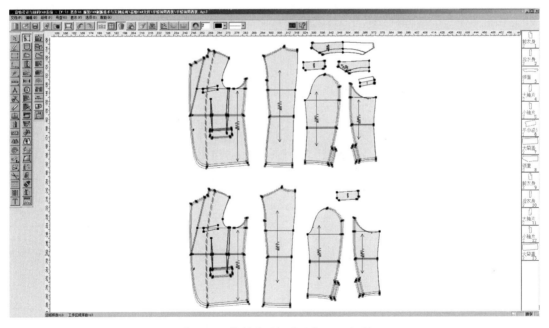

图6-71　复制平驳领男西装CAD纸样

（3）使用纸样工具栏【分割纸样】工具 🖌，复制前衣身片，并沿过面线剪断，完成过面纸样资料编辑，如图6-72（1）（2）所示。

使用纸样工具栏【分割纸样】工具 🖌，复制大、小袖片并剪断袖衩，单击键盘【Ctrl+D】，将袖衩删除，如图6-72（3）所示。

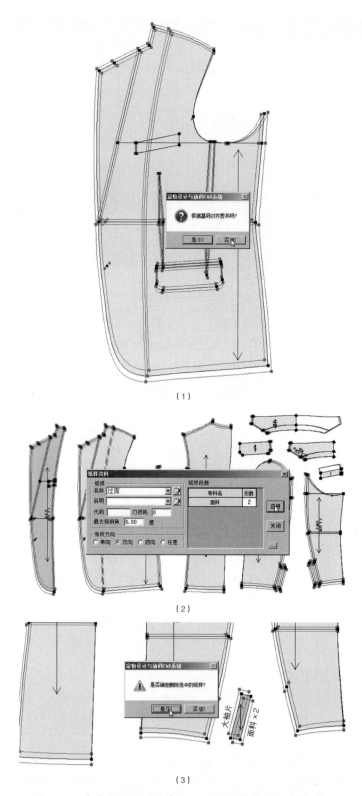

（1）

（2）

（3）

图6-72　完成平驳领男西装CAD过面纸样分割及去掉袖衩

（4）使用纸样工具栏【加缝份】工具 🖿 完成衣里缝份加放，其中如袖山缝份为不等宽形式，在【加缝份】对话框中应分别输入"起点缝份量"和"终点缝份量"，并应采用分段加放缝份方式，如图6-73（1）所示。

完成缝份加放后分别用鼠标双击衣板框中的里料纸样，完成里料纸样编辑，如图6-73（2）所示。

注：务必将【纸样资料】对话框中【布料名】项做统一"里料"命名。

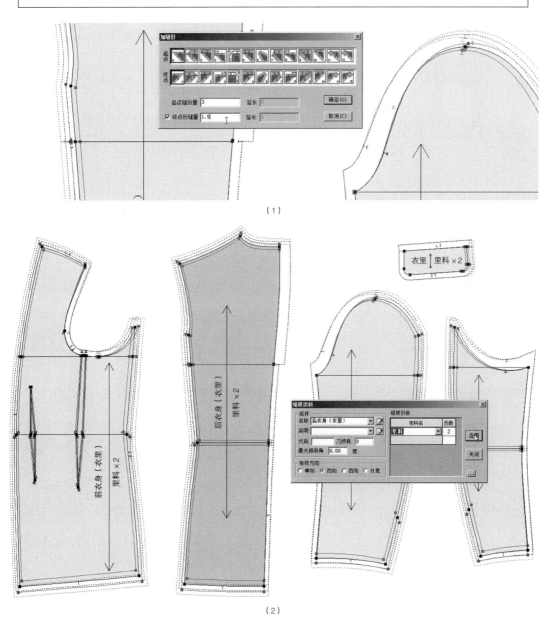

（1）

（2）

图6-73　完成平驳领男西装CAD衣里纸样缝份加放与纸样资料编辑

（5）保存平驳领男西装CAD纸样，如图6-74所示。

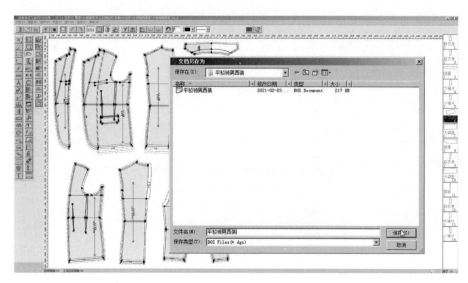

图6-74　保存平驳领男西装CAD纸样

六、平驳领男西装CAD纸样排料与输出

（一）平驳领男西装CAD纸样排料准备工作

（1）打开服装CAD排料系统，选择菜单栏【唛架】→【定义唛架】或单击快捷工具栏【新建】，弹出【唛架设定】对话框，在唛架【宽度】、【长度】项分别输入面料幅宽"1500"、幅长"5000"数据，根据面料实际情况完成唛架缩率及唛架边界等参数设定，单击【确定】，如图6-75所示。

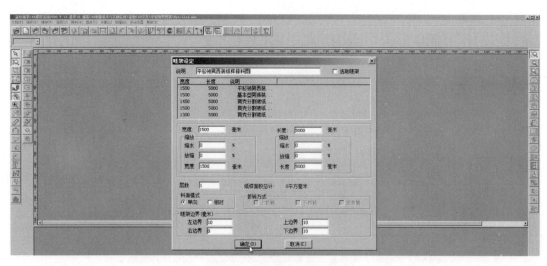

图6-75　排料系统唛架设定

（2）完成唛架基本参数设定，单击【确定】后，通过弹出【选取款式】对话框，单击
【载入】，弹出【选取款式文档】对话框，选取"平驳领男西装.dgs"文件，单击【打开】，如
图6-76所示。

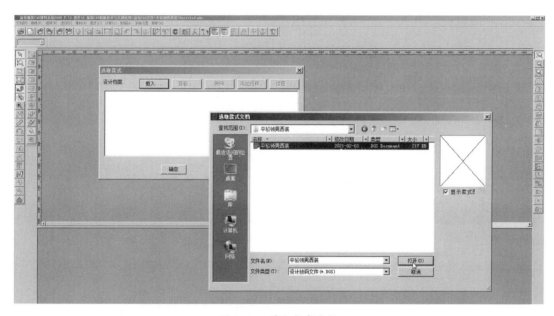

图6-76 选取款式文档

（3）通过弹出【纸样制单】对话框，输入【订单】、【客户】、【款式名称】、【款式面料】等
信息，以及完成"设置偶数纸样为对称属性"等设定，单击【确定】，如图6-77所示。

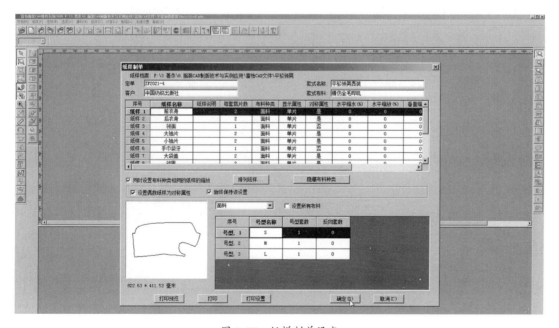

图6-77 纸样制单设定

（4）在【选取款式】对话框中单击【确定】，在排料系统中完成平驳领男西装纸样导入，如图6-78（1）（2）所示。

注：富怡服装CAD排料系统界面左上角下拉式菜单内选【面料】，如图6-78（3）所示。

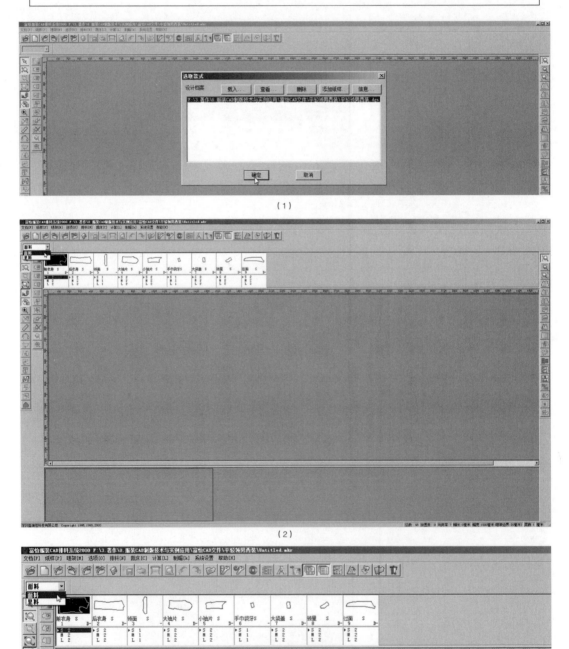

（1）

（2）

（3）

图6-78　排料系统中完成平驳领男西装纸样导入

（二）平驳领男西装 CAD 纸样排料操作

（1）鼠标单击排料系统快捷工具栏【纸样资料】工具 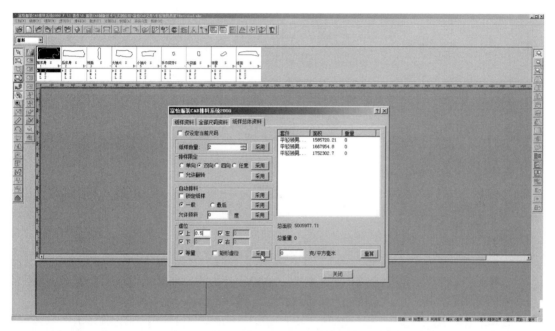，通过【纸样总体资料】对话框完成【虚位】参数设定，单击【采用】,【关闭】对话框，以追加裁剪刀口损耗，如图6-79所示。

图6-79　纸样总体资料设定

（2）平驳领男西装面料纸样排料步骤、方法及技巧同前述，排料结果如图6-80所示。

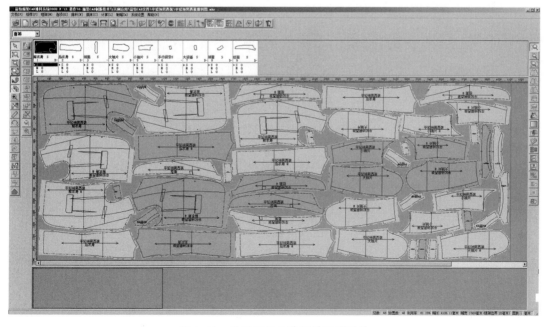

图6-80　平驳领男西装面料纸样排料

（3）富怡服装CAD排料系统界面左上角下拉式菜单内选"里料"，调入平驳领男西装里料纸样，如图6-81所示。

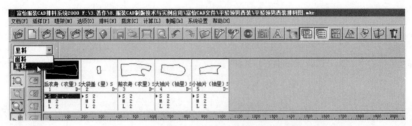

图6-81　调入平驳领男西装里料纸样

（4）平驳领男西装里料纸样排料步骤、方法及技巧同前述，完成平驳领男西装里料纸样排料并保存排料文件，如图6-82所示。

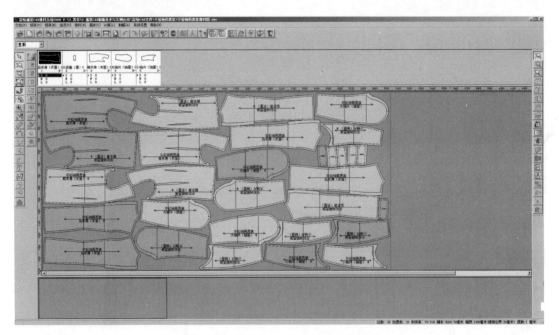

图6-82　平驳领男西装里料纸样排料

（三）平驳领男西装CAD纸样输出

平驳领男西装CAD纸样输出步骤与方法同前述。